新版

# 平成の歓喜奇兵隊

## 正育者は国の宝

上坂道麿

ラグーナ出版

# はじめに

この本のタイトルは、高杉晋作の「奇兵隊」から着想を得ました。

今から約一五〇年前、高杉晋作は下関、功山寺で奇兵隊をつくり旗揚げをしました。その頃の山口県は長州藩といい、萩が政庁でした。徳川幕府の力が弱くなり尊皇攘夷を革新派正義派とする意見と江戸幕府に恭順する上層部（俗論派）に分かれていました。高杉晋作は資金源として豪商、豪農、村役と手を結び百姓、町人、商人、僧侶すべての下層階級を兵隊にしました。職業軍人である武士集団、上層階級に対抗しました。

奇想天外の下層級の集団が不思議と上層階級の武士集団に勝ったのです。その後、幕府軍との戦いにも功績を残しました。意欲や教育によって強くなるのです。階級社会への戦いでもありました。

私は、一九八七（昭和六二）年、株式会社カン喜の前身である八木ノースイの時代から障害者（正育者）雇用をはじめました。本文で詳しく書いていますが、当時は円高の影響で輸出から輸入中心の経営体制に移行していた時代で、人手不足に悩まされていました。

私は円高や資本主義社会に対抗するために意図せず奇兵隊を編成することになったのです。高杉晋作の奇兵隊と同様に、「障害者」は教育によって大きく変わっていきました。正しく教育することによって、正しく成長する姿を見て、私は彼らのことを「正育者」と呼ぶようになりました。

最初の正育者雇用から二七年がたち、歓喜グループ全体で健常者七〇名、正育者七七名（二〇一二年七月現在）となりました。国の法定障害者雇用率は二・〇％の雇用が義務付けられていますが、その法令を守っていない企業は日本全体の五七・三％で過半数にのぼります。当グループの雇用率は五二・三％で、山口県の雇用率を上げているのは当グループによるものです。二〇一三（平成二五）年一一月には数年かかって取り組んできたＩＳＯ２２０００の認証を取得しました。こんな子に、あんな人に仕事はさせられない、危険だといわれた子たちがチャレンジして認証を得たのです。

日本の国内で正育者が認証を得た企業はないと思います。危ないからさせないのではなく、信頼してさせていく。小さな危険はあっても会社が、組織が、つぶれることはありません。農薬混入事件や中国の福喜工場で起きた消費期限切れ食肉出荷の問題は頭のよい人たちの起こした事件です。そのために工場内に監視カメラを据えつけることは論外です。

信頼を失った組織は世間から見放されます。

高杉晋作の「奇兵隊」は残念ながら長続きしませんでした。しかし我が歓喜奇兵隊は日本の正育者雇用、教育を変えていきます。カン喜グループは正育者を義務ではなく、一人一人の力を認め教育するために雇用しています。そして今、日本の製造業はこの子たちで十分であると確証しています。

夢は三〇〇人のグループ。株式会社カン喜、NPO、第一よろこび、第二よろこび、農業法人いぶき、正育者の力を借りていざ出陣です。


本書は、大きく三つに分かれています。第一部は、正育者雇用に結びつく私の人生の系譜を探り、まとめたものです。すべての従業員がこの歴史に触れ、当社の底に流れている理念を理解することで、誇りをもって働いてもらいたいと願います。

第二部は、これまで新聞や雑誌に取り上げられた当社の記事の一部を収録しました。当グループは常に期待され、応援されています。そのことを忘れないために掲載しました。

第三部は、私の正育者雇用の思想をまとめたものです。文章を書きながら思い至ったのは、私の「思想」と呼べるものは私一人の力によるものではなく、従業員、父母、兄弟、細呂木の人たち、棚橋鐘一郎先生、坪谷芳三郎氏、岡本吉博氏、石本和氏、八木邦彦氏をはじめ私を支えてくださったすべての方々のおかげであり、お釈迦様、親鸞、蓮如の教えや高杉晋作の実践など連綿と続く歴史の賜物であるということです。私を支えてくださった方々すべてに感謝申し上げます。

最後に、本書を通じて、当社の取り組みが正しく理解され、正育者雇用がますます充実して未来へ、子孫へと受け継がれ、二一世紀の日本に、地域に、福祉に貢献できることを願っています。

八〇名の健常者、八〇名の正育者合わせて一六〇名の奇兵隊とともに平成という荒波をどう乗り切るか。面白くなったぞ。［二〇一四年一〇月　記］

〈新版刊行に寄せて〉

『平成の歓喜奇兵隊』初版刊行二年後の二〇一六年、『東京水産大学　消えた水産経営コース――棚橋先生の功績をたたえる』を発刊しました。この本は同窓会を中心に経営学のことと正育者雇用のことを書きました。『平成の歓喜奇兵隊』初版も在庫がなくなりました。

しかし、これからの時代にこそ、もっと多くの人に正育者雇用を知ってもらいたいと思います。

私の正育者雇用は福祉事業ではなく教育業であります。人は教育で成長する。釈尊の教えに基づいて普通の人より劣ると思われる人を八正道の教えで有能な人に育てる、この人たちで棚橋先生に学んだ経営学を使って、現在「カン喜」と「よろこび」を経営しています。そこで今回、『平成の歓喜奇兵隊』初版の内容に、大学で学んだ経営学について付け加え、三冊目となる『新版　平成の歓喜奇兵隊』を発刊します。

障害者雇用率五〇％を超えるような会社はそんなに多くはありません。奇跡に近いものです。後から続く人に、育て方によって人は成長することを教えたい。

突拍子もない私の考えに同調してついてきてくれた従業員に、感謝せねばなりません。こんなことができたのは仏の教えがあってのことです。私も八二歳を越えました。これからのことは、後に続く方々にお願いしなければなりません。普通の感覚ではだめでしょう。私の後に続く人に、この本を残しておきます。期待しています。［二〇一七年八月　追記］

新版　平成の歓喜奇兵隊　―正育者は国の宝―　目次

はじめに　3

## 第一部　正育者とともに無限の可能性を求めて

障害者（正育者）雇用と平成の歓喜奇兵隊　15
歓喜園　20
兄の教え　―長兄、岑夫の死を偲ぶ―　25
太洋農水産株式会社　30
八木邦彦氏について　33
八木ノースイ　35
ピンチを救った殻付かきグラタン　37

知的障害者（正育者）雇用をはじめた理由　42
株式会社カン喜を設立　60
カン喜とよろこび　66
カン喜グループ（カン喜とよろこび）の考え方　69
平成の歓喜奇兵隊出陣　76

## 第二部　報道記事

物づくりを通して人づくりを　企業理念としての障害者雇用を実践　84
一生涯一報恩——この道まっすぐ　93
企業と福祉の結びつきで大きな力　周南徳山カン喜、よろこびの里で
障害者六二人　できることをさせて能力を引き出す　100
人物ルポ香風のごとく　徳山教会　上坂道麿さん（七六）
従業員の心をつなぐ無我の精神　102

障害者雇用で農業にも　カン喜が創業四〇周年 107
周南徳山・記念イベントに五〇〇人　大にぎわいの会場 109
二七年目　障害者雇用を先導 112
藤井律子議員（山口県議会）のホームページより 114
保護者からの手紙 114

## 第三部　正育者雇用の思想

はじめに 120
親心（仏様の心） 121
仏（法・自然）とともに生かされている私 124
この三界は我が有なり 129
み仏さまと私　―立正佼成会での説法― 132

根本仏教　―三法印について―　142
仏法と会社経営　144
若い世代に伝えたいこと　―須々万中学校立志式にて―　147
経営の心　162
経営と資本主義　171
水産経営コースで学んだこと　179
東京水産大学を出て、何を学び何がよかったか　203

## 第四部　西安を旅して

いつも仏様と一緒　232
夢をかなえた、西安への旅　235
正育者と呼ぼう　244

あとがき　247
カン喜グループ組織図　249
年表　250

# 第一部　正育者とともに無限の可能性を求めて

私立農繁期託児所「歓喜園」の様子

## 障害者（正育者）雇用と平成の歓喜奇兵隊　（二〇一四年執筆）

二〇一三（平成二五）年一〇月、歓喜グループは四〇周年を迎えた。創業者である八木邦彦氏はそれを見届けるかのようにして他界した。

振り返るといろんなことがあった。なかでも、一九八七（昭和六二）年にスタートした正育者雇用は、会社のみならず私の考え方、生き方を大きく変えた。本書は、歓喜グループの歩みを書き記して、思いを皆と共有し、当社の志が未来に引き継がれることを目的としている。

最初の正育者を雇ってから二七年が過ぎた。知的障害者（正育者）一名から始めた雇用は、二〇一四（平成二六）年現在、身体、知的、精神障害者（正育者）へと広がり、グループ全体で八一名となった。一〇〇名雇用を目指す道なかばである。

私も二〇一四（平成二六）年、七九歳となった。日々、従業員に「困っている人の手助けができる人間になりなさい」と声をかけながら、無我夢中で進んできた道を振り返ると、この言葉に、無料の託児所を開いていた両親の生きざまが息づいていることに気づく。だれでも分け隔てなくかわいがっていた両親のことを思い、私は正育者を特別な目で見なかったが、そのいとおしさからみんなを「子どもたち」と呼んできた。この歳になると本当にわが子のように思えるのだ。「彼らを一人前に育ててあげること、それが両親への恩返し」と今、心にそう誓う。

この二七年で一一〇名近くの子を雇用した。一歩ずつしか進めないが、ある瞬間から「金」となって大きな力を発揮する将棋の「と金」のようにすくすく育った子もいるが、途中で退職した子は、病気で亡くなった子も入れて二〇数名を超える。その一人一人に思い出が残っている。

よりよい賃金を求めて辞めた子。社内のいじめが原因で他の施設へ移動したK君。Y君は下関、安岡苑の木下先生のところでお世話になってすくすく育っている。年賀状で年一回やりとりし、電話で懐かしい声を聞かせてくれる。

父親がアパートの玄関にガソリンをまき、火をつけられて亡くなったS君。糖尿病で亡くなったFさん、Tさん。幻覚症状で「声が頭の中で聴こえてくる」と訴えるYさん。暴力沙汰で結局辞めていったバイク好きのM君。山下清さんのように放浪癖のあるI君。休みの日には従業員のおばさんの家へよく出向いた子。出社しない日は家まで探しに行った。

勤続二〇年近くで辞めた山口市のＳさん。表彰状を家まで家内と二人で届けたことを憶えている。世話をかけられた子ほど鮮明に記憶に残っていて、いとおしい思いにかられる。

私は正育者雇用にあたって多額の助成金を国、県、市からいただいてきた。指導する人のために、使用する機械のために、あるいは能力、技術を身につけるまでのマイナスの期間のために。当社がピンチの期間にそれらのお金に助けられたのは間違いない。また、多くの人たちを積極的に雇用し、あるときはその人たちからお金を融通してもらったこともあった。それゆえ行政から評判のよい言葉はいただけなかった。私はただひたすら「教育の対価」と割り切り耐えてきた。今、育った子どもたちは国に税金を支払っている。各種の保険料もきっちり払っている。コンプライアンスを実践する会社に成長できたのだ。

一方、国の立場からいえば、税のなかから多くの金を福祉に使っている。納税者の納得と共感を得るために、国は正育者を「弱い立場の人たち」と強調し、税を使うことを正当化していないだろうか。「障害者は弱い人たちだから税金を使います。納税者の皆さんのご理解をお願いします」というイメージを納税者に植えつけていないだろうか。

私は、正育者雇用のなかでこの子たちと触れ合いながら、正育者雇用は「義務」ではなく「教育」のためにあると思うようになってきた。そして、この子たちの秘められた能力をいかに引き出すかを第一に考え、実践してきた。彼らの力が生きるように仕事を、流れ作業に変え、やさしい言葉をかけ、その子たちの立場に立つあまり就業規則を無視して育てたこともあった。その一つは、「いつでも気の向いたときに、好きなときに会社に出ていいよ」。一般の従業員はあきれ顔だったが、その子たちの性格、環境、状況にそって接してきた。子どもたちの成長に合わせて、仕事が面白くなるように、人との交わりが楽しくなるように、そして「人生の最高の幸せは人につくすことである」と思えるように会社の雰囲気を変えていった。そのうち暴力をふるって指導する人たちは皆去っていった。

私にとってこの子たちは「障害者」でも「弱者」でもない。秘められた能力を持ち、引き出されることを待っているすばらしい子たちである。奇兵隊である。歓びであふれる特殊能力集団、〝平成の歓喜奇兵隊〟である。その意味でこの事業は教育業であり、会社は人生の学校といえる。

人間には誇り・尊厳（プライド）がある。それは健常者も正育者も変わらない。私は「障害者」という言葉に接するたびに、長い間違和感を感じ続けてきた。障害には、生まれつきの人、病気や事故で障害を抱えた人、さらには社会生活の中で障害を認識した人などさまざまである。その中で一つだけ確実に言えることは、この世に障害者で生まれたいと思っている人は存在せず、障害を抱えた後も誇りをもって人生を送りたいと、人は願っていることである。

その意味で、障害者も健常者も、「障害」を正しく知り、障害を抱えたことで生きづらさがあるならば、健常者は障害者を正しく育て、その過程で自らも育っていく。この子たちは「障害者」ではなく「正育者」と呼ぶべきなのだ。「正育者」という言葉が行政のみならず社会一般に使われるようになれば、たとえ障害を抱えても生きやすい社会が日本に到来すると考えている。

高杉晋作の奇兵隊は、勝つことを目的とした集団だった。会社でいえば利益を目的とした集団ということになろう。私が目指しているのはそんな集団ではなく、地域社会に貢献できる奇兵隊、釈尊の説いた「奇なるかな。奇なるかな。一切衆生ことごとくみな、如来の智慧、徳相を具有する」智慧と徳相を備えた地域社会のためになる奇兵隊である。当社には「障害者」は存在しない。特殊な能力を持ち、可能性を引き出されることを待っている「正育者」が存在するのだ。

「障害」という名を付けるがゆえに一般の人の見る目が変わる。彼らにどこも悪い所はない。ただ一年で覚える子と比べて、三年、五年かかるということである。三重苦のヘレン・ケラーにサリバン先生がそばにいて終生フォローした。私たちも彼らのそばにいて失敗を恐れず、いろいろとさせてみる。失敗は成功のもと、何回も何回もチャレンジさせてみる。

仕事については、我々は成功した。一人前となれた。次は世の中に出してやることである。当グループは引きこもる人、人前に出たがらない人を「明るい社会づくり運動」を通して募金活動に参加させる。歴史探訪につれていく。回天基地清掃奉仕につれていく。数多く失敗させてみる。失敗をおそれてはいけない。結婚もさせてやりたい。選挙にも行かせてやりたい。普通のことを普通に経験させたい。それが成長の道なのである。地域社会の人々が奇異に感ずるときは、その子の特性を説明し、社会に受け入れてもらえるようお願いをする。

## 歓喜園 （二〇一四年執筆）

正育者雇用のルーツをさかのぼるとき、私の記憶にはないが、忘れられない一枚の写真がある（一章扉裏に掲載）。社名の由来である「歓喜園」の様子をおさめた一枚である。一九九四（平成六）年、私が福川新田に引っ越したとき、福井市在住の三番目の兄（晴夫）から送られたものだ。

この写真は、一九三六（昭和一一）年五月一三日、朝日新聞に掲載され、朝日新聞社会事業団より慈愛旗と助成金が贈呈された日の様子を写している。右上にはその時の表彰状が掲げられ、下記のように書かれている。

大勢の子どもたちと着物姿の大人たちがこちらを見ている。当時、写真は珍しかったようで、みな一様に表情が硬く背筋を伸ばして一点をしっかりと見定めている。滑り台やオルガンは、この時の助成金で買ったものらしい。滑り台の右脇で、もんぺ姿の女性にだっこされているのが満一歳の

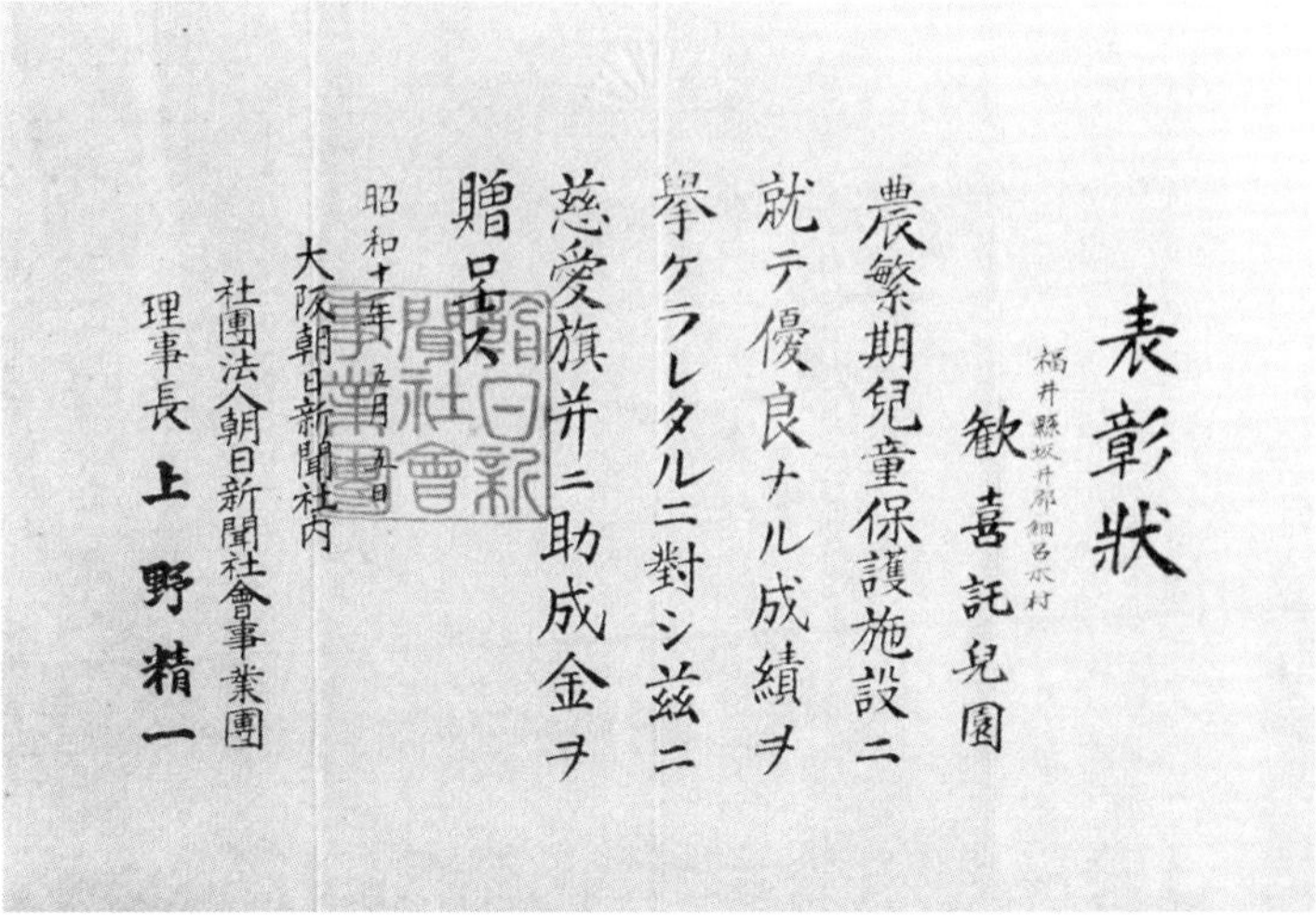
表彰状
福井縣坂井郡細呂木村
歓喜託児園
農繁期兒童保護施設ニ就テ優良ナル成績ヲ擧ケラレタルニ對シ茲ニ慈愛旗并ニ助成金ヲ贈呈ス
昭和十一年五月十三日
大阪朝日新聞社内
社團法人朝日新聞社會事業團
理事長　上野精一

朝日新聞社会事業団からの表彰状

私である。近くに四歳の兄もいる。私をだっこしている女性は母、聰子《あき》（三四歳）だ。

一九三四（昭和九）年一〇月、私の両親は私立農繁期託児所「歓喜託児園」を創設した。春は五月、秋は一〇月からのそれぞれ約一カ月間、朝七時から夕六時まで、離乳後から学齢までの幼児約三〇人を預かっていた。

その頃の日本は、一九三〇（昭和五）年昭和恐慌、一九三二（昭和七）年満州国建国宣言、一九三三（昭和八）年国際連盟脱退、一九三六（昭和一一）年二・二六事件が起こり、国を挙げて戦争への道を歩んでいた。一九三七（昭和一二）年、日中戦争が始まると、出征のため家には老人と嫁と子どもだけになっていく。農繁期に育児のために農作業ができない家庭は困窮を極めていた。両親は、その現状を見るに見かねて自宅を開放し、歓喜託児園を創立したという。一九四四（昭和一九）年一〇月、同園を閉園し細呂木《ほそろぎ》村立婦人会戦時保育所が開設されるまでの一〇年間、託児料を徴収しなかったという。どのような苦労があったかは知らないが、主任保母であった母は、一九四五（昭和二〇）年二月一一日の紀元節に、社会事業の功績者として知事から表彰を受けている。

私がこのことを知ったのはずっと後だが、今考えると不思議な一致を感じる。私がそもそも正育者の採用に踏み切った理由は、農繁期の人手不足解消だった。私の会社の従業員の多くが農家の主婦であり、五月と一〇月の農繁期には人手が激減し、仕事にならなかった。理由はともあれ、農繁期に私の両親は子どもを預かり、私は正育者を預かって育てる喜びをともに知り、ささやかながら地域社会への貢献について考えたのだ。

私は、閉園の後、父がなぜ神主になったのか長い間誤解していた。父がその仕事を選んだのは、道楽くらいにしか見ていなかった。身体の弱い父は出征せずに役場に務め、兵事主任の役を務めていた。自分が事務手続きした兵士が戦場へと出征し帰ってこないという現実を見て、自分の仕事と気持ちの折り合いをどのようにつけていたのか今となっては分からない。しかし、一つ確実に言えることは、残った老人、嫁、乳のみ子のために何ができるかを父なりに考え続けたということだ。私がそのことに気付いたのは、浅田次郎の『終わらざる夏』を読んだ後だった。その本には、赤紙配達人の心情がつづられていた。軍から「若い人を何人出せ」と言われた時の父の人選はどうだったか、戦死して戻ってくる遺骨の出迎えはどうだったのか……。そして、終戦間近の一九四四（昭和一九）年、閉園とともに神主の試験を受けて神官になったと聞いている。父にとっての神官は職業ではなく奉仕業、託児園と同じく慈善事業だったと今、思う。

私の名前「道麿」は父が名付けた。細呂木村は、越前（福井県）と加賀（石川県）の国境にあった。その昔越前国主、坂上田村麿（坂上田村麻呂）が蝦夷に向かった地ともいわれており、田村麿の名前の一字をもらった。子どもの時から、坂上田村麿と縁の深い春日神社の井戸より出る水が母乳によいということで各地より参拝に来ると聞いている。

また、浄土真宗の開祖親鸞上人は越後（新潟県）へ流されたとき、この地を通り「音に聞くのこぎり坂の引き別れ身の行く末は心細呂木」と詠ったと伝えられている。蓮如上人はこの地の吉崎に道場をつくった。祖父、伊右門は白馬に乗った天爵大神から乞われて、吉崎への難儀な道路を地域住民の先頭に立ってきり通しを作り、参拝の善男善女の往来を容易にしたという。子どもの時、吉崎で「行忌」といって京都から蓮如上人の絵像がリヤカーで運ばれてきて、サーカス、映画が行われ、何万人もの信者が集まってきたことを思い出す。そういう宗教的雰囲気が我が家系の生活にあったのだ。

写真に戻ると、私は細呂木の信仰厚き地で母の乳を受けて育った。私の名前が母乳に関するならば、母乳＝命を育てることであり、その精神が血となり、私のなかに脈々と流れていることを感じる。私は、乳は与えられないが、感謝と報恩の風土の中で、「麿」に込められた上坂家一族の奉仕観が私を正育者雇用に向かわせたのだ。今、人を育てる事業を行えたことを誇りに思っている。

## 兄の教え　―長兄、岑夫《みねお》の死を偲ぶ―　（二〇一四年執筆）

二〇一〇（平成二二）年一二月二二日、私たち六人兄弟妹の長兄、岑夫が八六歳で亡くなった。私の精神的な土壌を考えるとき、この長兄の存在は欠かせない。そして、ぼちぼち私の番も近づいたな、そんな気持ちで兄を語ってみたいと思う。

父の実家は造り酒屋、母の実家は旅館業、父方の祖母はお寺から嫁入りしてきた比較的裕福な家系だった。一九四五（昭和二〇）年敗戦の年、前述した通り、両親は農繁期託児園である歓喜園を閉園し、上坂家は敗戦後の農地解放で土地も半分になった。両親はやったことのない農業を五〇歳になって始めなければ生活が成り立たない状況になった。そこに追い討ちをかけるように、一九四八（昭和二三）年六月二八日、福井の大震災で家は倒壊。比較的裕福だった上坂家も転落の道へ入っていった。

当時二〇歳代の岑夫は、両親を含め八人家族を背負っていくことになった。両親とともに長兄のおかげで、三人の弟と二人の妹はそれなりに教育を受けることができ、独立して生きてこられたと思う。岑夫は戦前の教育を受け、福井師範学校を出て、終戦の年には中学校の教員をしていた。スパルタ式の厳しい先生で、時には両手にバケツを持たせて生徒を廊下に立たせていた。

福井大震災の年に細呂木新制中学ができ、私はその一年生で、長兄は私の社会科担任の先生だった。震災の日、兄と私は生徒会、自治会の皆と会議をしていた。二階の屋根の上の大きな置き石がガラガラと音を立て落ちてきて、一階の窓から飛び出し、校庭を歩くこともできず転げ回った。兄と二人で家まで帰る途中、目に入ったものは、空中を飛びはねているような曲りくねった北陸線の鉄路。細呂木の村は六〇軒ほどの部落ほとんどが倒壊していた。その中で残っていたのは我が家の土蔵のほか数棟だけだった。

数日後に、当時の石川県金沢市にあった第四高等学校にいた愼吾兄が水泳部の学友一〇名くらいとともに倒壊した家の後片付けに来て助けてくれたのを記憶している。後片付けの後、近くの北潟湖に出かけ水遊びをしたことも懐かしく思い出す。この後、細呂木中学校は金津中学校と合併し、私は汽車通学で金津町へ行くことになった。

金津中学校で、兄は戦後のはしりのボーイスカウト運動を始めた。中学一年から三年生を対象としたクラブ活動で、私はこのクラブに三年間所属した。この三年間の兄の教えが、私の一生のものの考え方の大部分を形作った。活動内容は、なわ結び、ハイキング、キャンプ、手旗信号、動物のシルエットの班旗などで、今では楽しい思い出となっている。私は現在、会社の考え方に法華経の教えを導入し、正育者を雇用し育てているが、ボーイスカウトの誓いや掟は、八正道、六波羅蜜そのもののように感じている。たとえば、「国と仏に誠をつくし掟を守ります」。「いつも他の人々を助けます」。「人のお世話はするように「人の世話にはならぬよう」。「そして報いを求めぬように」………。一日一善の実践業（法華経修行）の原点は、まさにボーイスカウトにあったのだ。長兄はその後、父の跡を継ぎ神主となり、両親の教え（信仰）のもとで私を導いてくれたのである。

一九七八（昭和五三）年、私は京都で自分の長男をカブスカウトに入れ、私自身は乞われて隊長となり、ボーイスカウトの指導者研修で実習所に入った。その時の試験に「宗教に関する信仰観と、それを子どもたちの教育にどのように役立たせているのかを述べよ」という問いがあった。その時は明確な答えはなかったが、一〇年後に正育者雇用で役に立った。そして最終的に、法華経というすばらしい教えにたどりついた。

就職以来三〇数年は兄の助けを借りることはなかったが、一九八七（昭和六二）年、新工場の増築にあたって、わざわざ福井から遠い山口まで地鎮祭の神主の役で来てくれた。この後、会社の経営は、赤字の穴埋めにおいて頼りにしていた株式投資が破綻して奈落に落ちていく。しかし私は、兄に助けを求めることはなかった。

　二〇〇三（平成一五）年、親会社のノースイとの間で、八木ノースイを解散することにした。独り立ちする喜び、障害の子どもを育てる喜び、自分の力で商品づくりをする喜びを込めて命名した新しい旅立ちだった。私は、兄に迷惑をかけるかも知れないと思いながら増資の話をお願いすると、兄は快く引き受けてくれた。第一回目は三〇〇万円。兄は、昨年一〇月死の直前まで心配してくれて一三〇〇万円を送金してくれた。

　兄は株式の外に、もう一つ私に贈り物をしてくれた。兄は孫の祐介が正社員になれないことを苦にしており、「しっかりした職場を与えたい」と言って、株式会社カン喜に依頼してきた。今、彼は現場の課長として頑張ってくれている。

　長兄が亡くなった年の五月、私は、先の歓喜園の写真を一メートルくらいに大きく引き伸ばして長兄の元に送った。写真を左隅に入れた顕彰碑を看板のように作り、七五年前の村の人たち、仲間に思い出してもらいたいという思いを込めた。長兄はあまり喜ぶ様子もなく、「自慢をするのか」と私に言いたげだった。能ある鷹は爪隠す。戦前はそうだったのだ。羅《ら》睺《ご》羅《ら》の密行しかり、良いことは黙ってやるもの、人に知らせるものではない。これが兄の考えだった。しかし私の考え方はいつも人の言葉をよい方に解釈するプラス思考で、

「後世の人がはやし立てる人間の値打ちは、死んで五〇年したら誰かが言わねばその功績は世に出ない」と長兄を説得した。するとうとう長兄は言った。「来年には建てよう。少しばかり時間が欲しいので待ってほしい」と。

細呂木の地は一二〇〇年前、奈良興福寺の荘園であった関係で奈良の春日神社と関わっており、兄はその神社の神主だった。前述した通り、父は役場の兵事主任で、村の若者を送り出すと、その若者が遺骨となって帰ってくる。たまりかねて託児園を作り、一九四四(昭和一九)年には、彼らの冥福を祈るために神主になり、その役を兄は引き継いだのだ。兄はその役を自分の息子に引き継ぐのに苦労しながらこの世を去った。

葬式に帰った時に知ったのだが、兄は神主として、村の長老としてその正義感のゆえになかなか村人と妥協できず孤立していたようだ。私の送った献彰碑の看板は納屋に包装されたまましまってあった。私は四九日の法事の際、包みを解いて皆に見てもらった。兄は村人の了解を得たうえで建てようと思っていたのだった。

二〇一一年、亡き両親の三三回忌と兄の一周忌の法事をして、顕彰碑を建てた。今、振り返ると、あの写真には三〇人に近い数の子どもたちが写っている。三歳上の兄、晴夫、写ってはいないが三歳下の妹、磯子、六歳下の妹、千鶴子も目に浮かぶ。写真に写っている人たちの年齢は現在だいたい七五～八〇歳の人たちである。その写真に写っている人たちが集ってきて写真を見て、ここに私が、これはあの人、これは隣村のだれそれと昔を懐かしく語り合っていた。

先祖の供養をするということは先祖をたたえ感謝すること、その功徳は私たちに戻ってくる。大きければ大きいほど戻る功徳もまた大きい。それは子孫にも伝わっていく。

長兄はボーイスカウト運動を通し、生きることの究極の幸せ、すなわち「人様のお世話をすることこそ真の幸せである」ことを教えてくれた。

私は、細呂木の地を守り続け、私の人生を導いてくれた長兄に感謝している。そして亡くなった後も、長兄の記憶が心のふるさととして生き続けている。

## 太洋農水産株式会社（二〇一四年執筆）

私は東京水産大学を卒業しても職がなく、蒲田のつくだ煮工場でアルバイトしていた。そんな私に声をかけてくれたのが、大学の恩師棚橋鐘一郎先生だった。私は先生に入社手続きをとってもらい、大阪の太洋農水産株式会社に入社。一九五八（昭和三三）年のことだった。

華やかな商社を夢見て入社した会社は、大阪中央市場に入荷した魚類を冷凍して商品化し大商社を通して輸出する、冷凍魚輸出会社だった。

従業員は八名。扱う商品はキハダマグロ、シイラ、ウチワエビ、ニシキエビ、食用ガエル、トノサマガエル、ホノルル向け大アジ、タコ、マナガツオ、レンコダイ、アンコウ、メルルーサ、瀬戸内海で獲れる雑魚エビをボイルして皮むきし二・五ポンドブロックに冷凍したもの、安くて国内に流通しない魚を見つけ出しては冷凍し輸出した。

大阪の地ははじめてだった。小松さんというおじさんがいて、そこを宿にしていると、小松さんのいとこが、私を大阪中央市場の太洋農水産株式会社へ連れて行ってくれた。水産で技術を身につけて早く就職したいと思って卒業したが、当時は就職難の時代で、水産の世界の就職も難しかった。

この就職で、「これで何とか食べていける、とにかく職にありついた。給料がいただける。この会社とともに最後の最後まで頑張るぞ」と思ったものだった。英字新聞を読んだりして英会話を勉強したが、会社ではあまり役に立たなかった。水道屋さんの二階に下宿して、工場では長靴をはいて前掛けをして包丁をもって魚と取り組んだ。従業員も社長を入れて八人。私の健康保険証番号は八番だった。今、年金をもらいながら仕事もあり夢もある、ノースイでの主流にはならなかったが、本当にありがたいことだった。

当時の日本は、一ドル＝三六〇円の固定相場の時代で輸出が盛んであった。しかし、一九七一（昭和四六）年のニクソン・ショックでドル不安が表面化し、一九八五（昭和六〇）年までに一ドル＝二五〇円～一八〇円の大変動を起こす。その影響で会社も輸出ではなく輸入中心に方向を切り替えた。常に円高、為替の変動と戦いながら、冷凍エビ、冷凍野菜を輸入した。

私の仕事も国内相手の仕事に変わった。それで先輩たちは「これからは国内向き冷凍食品の時代だ」と語った。一九七三（昭和四八）年、取引先の八木水産の創業者八木邦彦氏は、徳山戸田に大きな冷凍工場をつくった。八木水産冷凍食品工場である。従業員は一二〇名。建物はできたが何を作るか、どうやって採算を合わせるか予測できない会社だった。

一九七五（昭和五〇）年～一九七八（昭和五三）年頃、私は生産管理室の室長として本社工場と九州大分柳ヶ浦の浜繁水産、山口徳山の八木水産の三工場を統括していた。私は、工場長の役を野菜グループに渡して本社に戻り、生産管理室長を務めていた。当時、輸出中心の会社経営は行き詰まっており、八木氏はノースイに「何とか助けてくれないか」と助力を求めてきた。私は岡本社長のお供をして工場を視察、調査をした。ノースイは一九七八（昭和五三）年から三年の間に二人の工場長を送りこんだ。しかしなかなか経営が好転しないので、私は岡本社長と話し合った。「私に行かせてください」と私。「お前が好きで行くんだぞ」と社長。そんな合意の上、一九八一（昭和五六）年、私は家族同伴で、会社再建に一生涯骨を埋めるつもりで山口の徳山に出向した。

## 八木邦彦氏について（二〇一四年執筆）

ここで時代をさかのぼり、生涯にわたって重要な仕事のパートナーとなる八木邦彦氏について書く。

一九五五（昭和三〇）年頃、八木氏は、私が入社した太洋農水産と取引をはじめていた。その頃の徳山、福川の海は豊かだった。氏は福川沖でとれる雑魚えびをボイルし、皮むきし樽詰めして大阪にある当社へ送った。毎日、「福川八木」と書かれた木樽に詰められた煮むき海老が大阪中央卸売市場にやってきた。当社では、それを二・五ポンドのブリキ缶につめ、冷凍した。その後、その缶を脱缶してポリ袋に入れ、小さなアイロンを使って、ロウ引で色ずりしたロウ紙で包装し、二〇コ入りを五〇ポンドケースに箱入れした。一方、空き樽を荷造りして返送するのが私たち新入社員の仕事だった。その後、氏はそれを地元福川につくった小さな冷凍工場で冷凍製品化し、大阪からアメリカに輸出した。輸出全盛の時代。太洋農水産は大分の柳ヶ浦、香川の観音寺、山口県の宇部、柳井の業者からも仕入れ冷凍輸出した。徳島県からも瀬戸内海のいたる所で買付けしたものだ。福川の海で大量にとれたアサリ貝もむき身にしてアメリカへ輸出した。

一九七三（昭和四八）年、ドル不安が強まり、八木水産も輸出から輸入へと会社の方向性を変え、氏は徳山戸田に八木水産冷凍食品工場をつくることになる。

先行き不安な門出のなか、高度成長の弊害がさらに追い打ちをかけた。福川の海はコンビナートの排水で汚染され魚もエビも捕れなくなっていたのである。一九七八（昭和五三）年、八木氏だけでの運営は不可能になり運営のすべてを太洋農水産に移管した。一二〇人の従業員を抱えていたが仕事量が不足していた。八木氏は輸入えびの立替え、そのあとえびフライを製造した。またメルルーサを原料とした白身フライも作った。

## 八木ノースイ　（二〇一四年執筆）

一九八二（昭和五七）年頃広島産のかきフライに挑戦し、この仕事を契機に、八木水産と太洋農水産株式会社（一九八六年に社名を株式会社ノースイに変更）は合弁会社を設立した。社名は八木ノースイ。会長は八木氏、社長は私で、資本金は私たち二人と太洋農水産が出資した。私は太洋農水産の退職金をつぎ込み、資本金一〇〇〇万からわが社はスタートした。しかし三年が経過した一九八五（昭和六〇）年、赤字幅は広がっていく。そんな時、本社から「いったん引きあげてはどうか」との打診もあった。

私は心労で胃潰瘍を起こして吐血し、救急車で病院に運ばれ、一カ月間入院した。胃はすぐに直ったが、その時受けた輸血でC型肝炎となった。いったん退院してすぐに病院に逆戻りし、その後二カ月間入院した。当時この病は肝硬変につながり、八〇%くらいしか回復しないといわれていた。

かきフライに挑戦したのは、広島が近く地場産業を活用するためだった。一九八七（昭和六二）年までは試行錯誤でずいぶん苦労した。商品もうまくできない、手作業で採算もとれない。この時、私は腹を決め、ノースイを退職した。一〇〇〇万円の退職金をもらい、長年やっていた株式投資で一億五〇〇〇万円の利益を上げ、とりあえず八〇〇〇万円の赤字を消した。ようやく赤字を解消し、第一勧業銀行の支援を受け新工場を設立した。

ところが一九九〇（平成二）年、バブルははじけ全てが泡のように消え、一億三〇〇〇万円の借金だけが残った。毎朝四時頃になると汗びっしょりになって目がさめる。地獄のような日々だった。京都に残してある家もこちらで買った家も売らねばならない状況だった。社長の座も追われても当然の状態に陥っていた。本社に助けを求めると「持ち物すべて売って損失を埋め合わせよ」と迫られた。暗いゆううつな日々が続いた。そのころ私は立正佼成会に入会していたので、み仏がこの状況から私に何を学ばせようとしているのか考えた。

一九九一（平成三）年四月二八日、立正佼成会の仲間にさそわれ、身延山の後にある七面山に登ることになった。病気あがりで体力も落ちていたが、山登りは好きだったので参加することにした。迷惑をかけてはいけないと、当時住んでいた家の裏山の嶽山《だけやま》（標高三六四ｍ）に一〇回登った。帰ってからも登り続けた。朝五時起床、二時間かけて往復する。シャワーを浴びて会社出勤。会社の経営の苦しい時、法華経を読誦しながらの登山だった。

あれより二三年が経ち、病気はいつの間にか治っていた。

二〇一四（平成二六）年八月現在、一六七八回嶽山に登った。このあと体力が続くかぎり二〇〇〇回を目標に、また正育者雇用一〇〇人を目指して登り続ける。

## ピンチを救った殻付かきグラタン（二〇一四年執筆）

話を戻そう。

一九九二（平成四）年に、思いがけず親会社から支援が届いた。私が会社名義で買った三〇〇〇万円の土地を七〇〇〇万円で買いあげてもらい、その上四〇〇〇万円の貸付金もいただくことができ、絶望的状況から脱することができた。

しかしこれは当面のことであり、利益を確保できる商品を生み出さなければ、また借金に追われることになってしまう。このピンチを救ったのは殻付かきグラタンである。一九九七（平成九）年のことだった。

かき殻は始末に困る不用品で、かきの中身を取り出した後、捨て場所にも困る厄介なしろものである。一見不要と思われるものを活用し利益にしていく。殻を容器として活用し、そのなかに小さなカキの身を入れて表面にクリームの具材をのせることでオリジナル商品ができ上がったのだ。もちろんこの商品は一夜に咲いた花ではない。一九八七（昭和六二）年、工場にトンネルフリーザーを入れ、かきフライの製造を流れ作業化し、新工場をつくった。油揚げせずに即電子レンジで食べられるような付加価値の高い商品開発を目指した。これが殻付かきグラタンの開発につながったのである。

今では、開発時一万個の試作品が年間四〇〇万個を超えた。容器にもならないカキ殻は粉砕して肥料に、健康食品の材料にもと考えている。

殻付かきグラタンに着手する前年の一九九六（平成八）年、私は会社の方向性を示す計画を立てている。当時の熱い思いが書かれているのでそのまま引用する。（必要に応じて「障害者」を「正育者」に書き改めた）

## 八木ノースイ一〇〇年計画

（一）一九七三（昭和四八）年創業以来苦しい経営を続けてきたが、ここにきて黒字転換してきた。八木会長、上坂社長の初代は次の代にバトンタッチされていく。二代目を育て三代目までの繁栄の基盤を作っていく必要がある。

三代一〇〇年、びくともしないゆらぎない会社づくりをし、若い人たちに夢を与えるのは初代の役目、義務である。
（二）創業以来、二三年間赤字であったが、その間若い人たちを育て、個性を伸ばす教育をしてきた。当社の従業員の年齢構成は、二五歳を中心とした四〇歳以下が一〇八人の半数を占めている。また正育者と健常者の割合は三対一である。また五五歳を中心とした熟年者（五〇名）が、若い人たちを育ててきた。
今後の目標は、四〇名の熟年管理者、トレーナーと八〇人の正育者とで構成されていく福祉企業である。
（三）この二三年間赤字経営の中、ただひたすら誰にも負けない商品作り（コストの面でも、品質面でも）に励み、また若い人たちも育ててきた。
その心は、ただひたすら他人様のために、消費者のために、今後ももう一段と厳しい競争に勝ち抜くために会社の利益は二の次にした。

弱い正育者とともに共生する福祉企業を目ざしていく、二一世紀はそういう時代が来るものと確信している。会社経営の心は法華経の心であり宮沢賢治の世界である。

（四）二代目にバトンタッチする。

この心をしっかりと身に付けた若者たちにバトンタッチしていくのは初代の責務である。二五歳を中心とした若者たちが次期社長に、工場長に、製造部長に、商品開発部長に、品質管理部長等次々と育てていかねばならない、ここ数年好況になるまえに有志の若者を採用、育てねばならない、正育者といえども管理職になれる、意欲のない学卒者より意欲ある「歩」を作り、いずれ「金」に変わっていく効率よい投資である。

（五）正育者の雇用を増大していけば当然仕事の場も増やさなければならない、新事業の拡大も必要になってくる。現在既にかきフライの製造部に対し、人材育成の教育部に分かれてきている。

①教育の対価として助成金をいただくことで人件費を軽減した原料工場をつくる。

（タイ、ベトナムに負けない）

②つくだ煮、昆布巻き、せんべい等の加工食品工場をつくる。

③国道沿いにレストランをつくる。

当社製造のかきフライ、えびコロくんを食べてもらうためのアンテナショップ型のレストランである。利益を追求しない、雇用の拡大を目的としたレストランである。当然安くておいしいものが提供できる。（平成二六年五月オープン、道の駅でかきフライ、かきグラタンを販売している）

④安全装置をつけた漁船を購入し、いわし、このしろを取ろう。

⑤安く土地を借り、農園をつくろう。当工場でつくるえびコロくんの材料となる、じゃがいも、玉ネギをつくろう。（平成二六年一〇万本植え付け、金額で一五〇万円グラタンに使っている）

文明の進化とともに精神障害の人が増えている。利益を追求しない。ただ雇用拡大を目ざしていく。

（六）販売の方法を変えてみよう

近頃は宅配便がどんどん伸びている。営業マンを必要としない販売方法をとろう。家庭へ直接宅配便を使って送ろう。問屋を使わずに市場に届けよう。（現在楽天に出店している）

（七）商品づくりに遊び心を

安くておいしいものだけが売れるのではない、時には遊び心をもったユニークなアイデア商品を作っていこう。八木ノースイにしかない商品づくり、形で、衣装で、デザインで遊び心を使ってみよう。
（八）自己資金を投資しての企業づくりは大変難しい。国のお金を活用して国がやらねばならない仕事の手助けをする。そしてその仕事を通して何が必要なのか、利益なのか心なのか。二一世紀に生き残る企業づくりを目ざすと同時に若い人たちに夢を与えていく。弱者と強者とがともに共存していく社会づくり、徳山の戸田にその夢を追い続ける企業をつくる二一世紀の福祉企業である。

一九九六（平成八）年六月一二日　上坂道麿

## 知的障害者（正育者）雇用をはじめた理由（二〇一四年執筆）

殻付かきグラタンとともに、わが社のみならず私の人生を変えた出来事があった。知的障害者（正育者）雇用である。

雇用の第一の理由は、人手不足の解消のためだった。一九八七（昭和六二）年のことである。地域柄、農業を兼務する女性のパート従業員が一〇〇名近く勤務していたが、収穫の時季は休みがちで生産ラインの稼働が落ちるという問題があった。そこで公共職業安定所の紹介で正育者雇用をはじめた。

しかし最初は経験もなく、彼らとどう接していいのか管理の仕方も分からなかった。何か問題が起きると現場の中間管理職は「社長があんな子を雇っているからだ。彼らが失敗した」と得意先に言い訳したため、クレームのほこ先が私に回ってきた。現場からは「顔を見るのも嫌だ」「私の部署にいらない」「他にやってくれ」という声が上がった。私は、「こんなときは自分が苦労すればいい」と自分自身に言い聞かせた。そしてピンチをチャンスと捉え、むしろピンチを楽しみとして取り組んだ。「こんな人にできるのか」と言われた人が、数年たつと確実に仕事を実行していけるようになり必要とされる人になる。この喜びはたとえようがなかった。

第二の理由は、前述した通り両親と長兄の教えだった。出征兵士の家庭の困窮を見かねてやむにやまれぬ気持ちからはじめた農繁期歓喜託児園の慈善事業。兄のボーイスカウト運動から学んだ一日一善の教え。苦境を乗り越えられたのは、彼らの教えが血のように私の身体の底流に流れていたからだと思う。

当時私は四〇歳で、京都でボーイスカウトの隊長を務め、そこで息子の教育も行った。

ボーイスカウトで学んだ班制、進級性を知的障害者（正育者）の雇用にあたって活用した。また、ジュニアハンドブック、シニアハンドブックを作り、子どもたちの教育書とした。冷凍食品についての優しい解説書、教科書である。

ボーイスカウトの経験は私の宗教的なものの考え方を決定づけ、その中から正育者の子たちへの教え方、指導方法ができ上がっていった。

以下は四三歳のとき、ボーイスカウトの実習所に入るときに書いたものだ（一九七八年・記）。今振り返っても考え方に変わりはないので当時のまま掲載する。

ボーイスカウト京都　長岡第四団　上坂道麿

**問　あなたの宗教に対する考え方を述べ、日常のスカウティングの中にどのように指導実践しているのかを述べなさい。**

**A．私の宗教観**

あるときまで、私は宗教に対する無知により無神論者であった。特に青年時代はスカウトのとき〝誓い〟を立てたにもかかわらず、自我が強く、自分しか見れなかったことが理由に挙げられる。

しかし実社会に入り自分自身で生活をしていくにつれ、いろんな悩み、苦しみがやってきた。ときには対女性のこともあった。どうしても手に入れたいものが手に入らないもどかしさもあった。自力ではどうしても克服できないものがあることを知った。また八年前には最愛の長女を交通事故で亡くしたことにより、より宗教的なものへ引きつけられた。その中で仏典に書かれた仏陀の言葉が私の心を打った。

「生きているということの有難さを思い精一杯生きなさい」

「世の中は常に変化しています。よくその変化を見きわめ、取り残されないようにしなさい」

「自分自身をよくコントロールしなさい。五欲におぼれないようにしなさい」など……。

毎日の生き方に勇気を奮い起こさせる言葉、悩み、苦しみを跳ね飛ばすような言葉、私にとって経典は生きるための武器であった。健康な身体が、鬼であるなら、経典は金棒である。その経典の中に釈迦の教えはあったが、神はなかった。

釈迦は言っている。

「私にも神（霊）が実在するかどうか分からない。もしあなたが考えているような神がいたならあなたの日々の生活が値打ちあるものになるのですか、幸せな一生を送れるのですか」

教育規程の中に〝指導者は明確な信仰をもて〟と書いてある。その意味では私は仏典を生活の、人生のよりどころとして生きている。十分に活用している。釈迦の教えを優れた大先輩の教えとして大いに利用させてもらっている。それだけならそう問題ではないが、〝誓い〟の中に「神（仏）に誠をつくし、おきてを守ります」と書いてある。ここで私はいつも考えこむ。釈迦の教え、キリストの教えなら、簡単である。その背後に説明のつかない神、仏が出てくるからだ。神とは？　仏とは？

スカウトたちは意味が分かって〝誓い〟を立てているのだろうか。否、彼らは分かっていない。私ですらよく分からない。その両親もよく知らないだろう。スカウトたちが分かるはずがない。しかしこうも考えられる。分かることも存在することも知らないから、それを追い求めるのだ。

私が死ぬまでに神（仏）を追い求めるように、少年たちにとって分かる必要はないのだ。探し求める糸口なのだから、と自分を納得させている。
そうはいいながらも私なりに、神とは、仏とは、を整理してみた。
（イ）日本語のあいまいさ。
スカウトたちが口でとなえるときの神は、日本・神道の神か（多神教）、キリスト教の唯一のGODなのか（一神教）。
（ロ）神の子のキリスト。
仏の子釈迦が阿弥陀如来（人間の理想像）、大自然、大宇宙が神や仏に思えてくる。
（ハ）仏教では、悟りを開いた人、即、仏だといっている（全てのものが仏性を有しているともいっている）。神を他に求めるキリスト教とは全然違っている。人間に対して神の存在を想定したキリスト教と仏教を比較すれば、仏教者は無神論者であるといえるかも知れない。しかし、釈迦の教えは人間の教えであり、自然万物の教えであることは間違いはない。
（ニ）私の意見（仏教観）
私はこの世に生を受けたとき母より大自然より分離されたとき、一個の〝個〟となった。〝天上天下唯我独尊〟（真意は世の中で自分が一番尊く、それ故に大切に生きなければならない）。逆にとって、すべて世の中自分中心にまわっていると思った。自分のために世界があると思った。そのわりに、世の中は自分の思うようにならないということに気づいた。微小な〝個〟である自分たちが集って、世界〝全体〟を作っていることを知った。と同時に自分自身の身体も微小な細胞の集まりであることを知った。自分のもの、自分の身体であると思っていたものが、一つ一つの微小な細胞の集まりであったのだ。自分の考えは、手が考えるのか足が考えるのか、一つ一つが集まって考えだした総意なのだ。手が病めば、足が病めば、我が身が痛い。自分の身体であっていわゆる自分のものでない。自分勝手にしていいというものではない。

ここまで考えてくると、世の中のものは全て〝個〟であると同時に〝全体〟の構成員なのだと思い至った。その〝全体〟が一つで〝個〟をなし、その集まりがまた大きな全体を形作っている。

私が家庭を思うとき家庭の一員であり、会社を思うとき会社の一員であり、日本を思うとき日本人の一員である。ボーイスカウト活動のときは大きな組織の一員である。世界を思うとき地球人の一員であり、宇宙におもいをはせるとき地球人、即宇宙人なのだと。発想の大きさがその人を大きくさせる。その人の発想が貧弱であればその世界は自分自身でしかない。他人を理解することさえできない。

こんな考え方でいけば、全て世の中の人々、動物、植物、鉱物、森羅万象、皆我が仲間なり、我が身体の一部である。手が足の痛さを知れるように。そう思えば他人の悩み、苦しみは我が悩み、苦しみとなる。他人の楽しみ、うれしさは、即我が楽しみなり。

ベーデン・パウエルいわく、〝人のためにつくすことこそ、自分の幸せだ〟といっている。私にいわせれば他のためにつくすことこそ同身のためにつくしているのだと思い至った。すべてのものに思いやりの心をくばる。これすなわち慈悲の心である。

ここでもう一度元にもどって、仏とは、〝自分ひとりでも仏なり〟、〝仏の集まりが仏なり〟、大宇宙即同身仏なり、気がつくことが悟りなり、小さな吾の集まりが大きな宇宙をつくっていることに気付くのも悟りなり。

人間と対比して神の存在を考えるキリスト教とは大分おもむきを異にしていると思うが？以上が私なりの宗教観である。

## B．スカウティングでの指導、実践

①自然に親しむことにより（キャンプ、野外での活動）、自然の仲間であり、自然の一員であり、自然そのものであることを知らせていく。

②仲間と協力することにより同身であることを知らせていく。（班制の中で）

③神社、仏閣をめぐることにより、過去のエネルギーの大きさを知らせると同時に僧侶から話を聞き、仏典の偉大さを知らせていき、導入点としていきたい。（昭和五二年一〇月、浄土宗光明寺にて舎営、勤行、法話を聞く）

④他人のためにつくさせて、他人の喜ぶさまを見させて、スカウト自身の喜びにさせていく（奉仕）。（昭和五二年一〇月、障害者と一緒にいも掘りにいく）

⑤自然の厳しさを肌で感じさせ、人間の思いあがりを打ち破らせ、謙虚な心を持たせてやりたい。

⑥自然を観察させることにより、自然が師であり、父や母であり、仲間であることを知らせていく。（ハイキング、自然観察）

⑦隊長の話の中にさりげなく、（法話を）隊集会で、班長会議で、夜話で。

⑧〝おきて〟の実践を通じて。

二〇一四年現在、正育者は、カン喜グループ全体で八一名となった。一五〇名の従業員のうちの約半分である。健常者一人が一人の正育者を育てる。棚橋先生から学んだ分業制が役に立ったのだ。

仕事を細かく分けて流れ作業にし、得意なものをさせる。難しい仕事はさせない。できればほめてやる。「やって、見せ、言って、聞かせて、させて、みて、ほめてやらねば人は動かじ」が終生変わらない私の指導理論である。

正育者雇用を始めた第三の理由は、長女かおりの死である。私たち一家は、昭和四二年大阪の市街地より、より安静な地を求め、長岡京市神足に家を買い求めた。

ボーイスカウトの連盟歌に「花は薫るよ日の光に」とあった。私はその歌から四人の子の名前をとり、長男は陽太郎（日）、長女かおり（薫り）、次女ひかり（光）、三女にさくら（花）とつけた。明るく、元気な家族を夢見たのだ。

残念ながら昭和四五年一月一四日、長女かおりが自宅前で停止していたタクシーに轢《ひ》かれて亡くなった。そしてその年、次女ひかりが生まれた。

〝みまかりし、かおり（長女）は仏のはからいでひかり（次女）となりて世をば照らさん〟

その頃の心境はこの歌のようだった。

徳山に来て、「明るい社会づくり運動」の会長になったとき、次女のひかりとともに自分も光り輝こうと思った。このことが正育者雇用につながったのだ。一人の子は亡くしたが、今は八〇人の子どもたちが寄ってくれる。こんなありがたいことはない。

正育者雇用に取り組んで六年が経過した頃、私は教育と品質管理について書いている。全国重度障害者雇用事業所協会の広報誌「エスペランス」に掲載した「障害者の職域の拡大！雇用！定着！社会参加！」という記事だ。以下に掲載する。（初出・一九九三年三月一日号。必要に応じて「障害者」を「正育者」に書き改めた）

## 障害者（正育者）の教育と品質管理

八木ノースイ代表取締役　上坂道麿（山口県　徳山市）

### まえがき

私共のような中小企業にあっては、三Kと人手不足はどんな不況になっても先行き解消するとは思えません。

この一〇年の間に、一〇〇人を越えていた女子従業員は、現在全従業員七四人のうち五〇人となり、そのうち二四人は知的の正育者を中心とした若者たちです。

そのかわり六年前はほとんどが四〇~五〇歳代の女性でしたが、今は三〇歳代以下が三〇%を占めています。この若者が力を付けていけば、当社の先行きは明るいものとなります。六年前徳山職安の西本さんの紹介で正育者の採用に踏み切りました。いろいろな問題を起こしながらも六年が経過しました。

## 品質管理

現場で何か問題が起きると当社の中間管理職は、「社長があんな子を雇っているから仕様がない、彼らが失敗したのだ」と得意先に言い訳し、得意先からクレームのほこ先が社長に回ってくる。私としては、彼らの能力なりに役立っていると思うのですが現場の一部はそうは見ない。人によっては、「顔を見るのも嫌だ」「私の部署にはいらない人だ」「他にやってくれ」といってくる。当社で扱っているかきフライの原料は広島から入ってくるのですが、髪の毛は出る、かき殻は出る、ビニールポリ袋の破片、ゴム紐、タバコの吸い殻などが時折発見されます。しっかり見て、はねないと大変な問題となります。

年間三〇〇〇万個のかきフライを作ります。一つ一つ手探りで完全に取れてないかき殻を外します。近頃は異物によるクレームは年間一〇件以内になりました。限りなくゼロにしようと皆で頑張っています。

## 助成金

二〇年も続いた赤字会社もようやく黒字転換致しました。しかしその利益一五〇〇万円は障害者助成金そのものなのです。まだ助成金がないと黒字にならないということです。「手もとに入った利益金をクレーム代金として社外に出さない」。それが今の当社のモットーです。

## 教育と存在理由

品質管理第一、異物管理第一、それには若い人たちの教育以外に道はありません。とにかく教え込むことです。品質管理＝教育です。

当社では一日一〇トンの製品を作ります。大型トラック一台分を毎日出荷します。一〇トンの製品を出すことは一〇トンの原料を入れることです。原料は保管庫に入れる。

製造のため工場へ出す。できた製品は工場より保管庫へ。毎日一〇トンのものが四回動きます。近代化されていない工場ですから移動はすべて手押し車です。二〇人近い子たちが力を発揮する場所です。しかし、やればよいというものではありません。規則があります。数も間違えてはいけません。しかし間違えずにやってもらえると冷蔵庫の出入り（有害業務で女子の作業は禁止されていた）には有難い存在なのです。またパートもいれて八四人の人間関係があります。一人前に育てようとすると五〜六年かかります。

## 進級制度

当社の教育の一つに進級制があります。採用した若い人は正育者、健常者を問わず白い帽子に線を入れます。

普通人に比べた能力

見習い……黄色い線　五〇％

1年以内……ブルー　六〇％

2〜3年……赤一、赤二　七〇％

3～4年……黒一、黒二　八〇％
4～5年……グリーンバー（短い線）一〇〇％
黄色い線のうちは人間関係を学びます。
ブルーのうちは自分の適職を見つけます。
赤一、赤二は仕事をマスターし技能をみがきます。
黒一、黒二はグループにとって役立つ人、いないと困る人になります。
グリーンバーはもうこの人がグループの中心です。いないと仕事は前へ進みません。

主任……帽子の線はなし

次に待ち受けているのは、自分の判断で動く主任です。課長のアドバイス、指示を受け、自分の考えで動くのです。自分の守るべき仕事をきちんとやる。このため、班長、課長の言うことをしっかりと聞き、それを実行に移す。そのためには日々の会話の中ではっきり返事を言える、「ハイ」と答える。それが主任への道なのです。

「六つの行動」
一、ヤッテ……女性従業員が手本、やって見せる
二、ミセ……行動で示す、しっかり見せる

三、イッテ……口で説明する
四、キカセテ……もう一回、聞いたか確かめる
五、サセテ……できるかどうかやらせてみる
六、ミテ……完全にできたか見てみる
ホメテヤラネバ……皆で進級を祝い昇給する
人ハウゴカジ……自分の身体で覚えて自信をつけ、進んで働く

進級のときは、そのグループの班長が認め、課長が認め朝礼の場でほめたたえ、帽子を交換する。その子を育てたグループに金一封を与え、進級の労をねぎらう。簡単な仕事から、一年に一つずつ動作を覚え、五年かかれば五つの仕事をマスターする。正育者は頭で覚えるのではなく身体で覚え身につけていくのです。時間がかかりますが、どこの会社にくらべても品質管理の面でひけを取らない会社、安心してみておれる会社、クレームのほとんどない会社、お客さんの信頼を勝ち取る会社、これらを達成したとき、第二の正育者雇用が始まります。あんな子だって、こんな子だって、ちゃんとした教育をすればなんだってできるんだ、管理職だってなれるんだ、そのために必要なのがただ教育です。自分の会社に必要な子は自分の会社で育てるんです。

ある時期、その教育を他人まかせにした。天からの声があり「もうやめろ」「一人よがりで自分では良いことをしたつもりでも世間には通用しないよ」「そんないい加減な会社の製品は買えないよ」などと言われ素直に反省してみました。

正育者二〇人のこの段階でもう一度品質管理のあり方を見直してみよう。これ以上の採用はしばらく見合わせよう。

〇各グループの工程管理表作り
〇工場内の温度管理表作り
〇専任の品質管理係を決め毎日検査をする
〇加工指図書通りのものができているか確認
〇毎週一回、帽子の線別に従業員を集め教育をしよう

なお、教育訓練用として分かりやすいテキストを作成しているが、教える側も教えられる側も大変重宝である。

（※　現在は、進級制は差別につながるという見方もあって、いつかなくなった。
ジュニアハンドブック、シニアハンドブックの研修につとめている）

## 八木ノースイの進級制度

| 取得期間 | 管理職コース | （管理）技能章 | （名人）技能章 | 名人コース |
|---|---|---|---|---|
| | 部長（黒３本） | ①原料章 | ①バンド掛け | ３年以上 |
| | 課長（黒２本） | ②機械章 | ②トレー仕訳 | 帽子に桜の花ビラマーク |
| | 班長（黒１本） | ③製品、包装章 | ③トレーのせかえ | |
| ６年 | 係　長ーーー技能章三つ（黒１本） | ④入、出庫章 | ④えび皮むき | |
| ５年 | 主　任ーーー技能章二つ（短、黒２本） | ⑤製造章 | ⑤玉ねぎ皮むき | |
| ４年 | 主任補ーーー技能章一つ取得（短、黒１本） | ⑥資材章 | ⑥原料、製品の移動 | |
| | | ⑦副材章 | ⑦掃除（工場内） | |
| | | ⑧5Ｓ章 | ⑧掃除（工場外） | |
| | | ⑨検品章 | ⑨トレーを台車に乗せる | |
| | | | ⑩かき殻とり | |
| | | | ⑪かきフライづくり | |
| | | | ⑫えびコロくんづくり | |
| | | | ⑬えびコロくん、えびのせ | |
| | | | ⑭異物除去 | |
| ２～３年 | 白い帽子　（決められた自分の職場、仕事を確実に身に着ける） | | | |
| １年間 | 新入社員ーー黄色い線、　ジュニアハンドブックを１年間かけて習得する。<br>異物除去については特に勉強する。<br>適材適所　自分の性格、能力にあった場所を見つける。 | | | |

## あとがき

信仰のない人に任せたのが失敗だった。神仏を背負った同じ人間、教え方によって必ず育つ、確信があって人は育つ。一人前になる。自分が先頭に立って「やってみせ」が欠けていた。自分の会社で必要な人は自分が育てる。中小企業はそれでよいのだ。大企業のまね（でき上がった人をより高い金を出して採用する）をする必要はない、全ては社長が先頭に立ち、社長が一番苦労をすればよいのだ。それが社長に与えられた一番の楽しみではないか。「こんな人に何ができるか」と言われたのが数年立つと確実に仕事をこなしていく、なくてならない人になる。社長としてこの喜びはたとえようもない喜びだ。

## 株式会社カン喜を設立　（二〇一四年執筆）

一九九五（平成七）年から二〇〇〇（平成一二）年にかけて積極的に正育者を採用し、二〇人から五〇人に増えた。

その頃、全国重度障害者雇用事業所協会という全国組織の会員となり、積極的に顔を出して多くの情報を得た。業務遂行援助者の助成金（三人の重度障害者に一人の支援者）もその一つだ。冷食工場の女性従業員の賃金は最低賃金に近い。その人たちを指導員として、月給一二～一三万円を一七～一八万円に増やすことができた。

機械の購入にも助成金を利用した。特別に正育者のために安全装置をつくることによる助成金である。グレーズの機械、パン粉付機械、急速冷凍の機械、油揚の機械、せんべい作りの機械などそのたびに二、三人の子たちを採用した。機械の価格は三〇〇〇万～七〇〇〇万の高価なものである。

いただくのは三分の一の助成金である。しかし三年間で償却、返済しないといけない。リース会社から普通なら七年リースのものを三年リースで契約した。リース代金の月の支払いは三〇〇万～四〇〇万円となった。助成金の入金は六カ月後、返済は短期間。私の仕事はこの資金繰りに銀行に行き、株式投資で稼ぐことだった。銀行借入金も三億円を超した。他人に頼ることなく、自分の力で会社を運営したい。頼るものは福祉しかないと思い、国道二号線のすぐそばの工場側壁に、〝未来を拓く福祉企業〟と大きな看板を掲げたのである。

その結果、どうしても商品生産よりも、福祉に偏るような会社経営となった。親会社の営業マンからは「福祉は関係ない。安全を買いにきたのだ」というクレームも続出した。反省して看板を降ろした。これからは商品で勝負しよう。しかし、正育者雇用の路線は変えなかった。この結果、親会社は離れていった。八木ノースイの解散につながるのである。自己流を押し通した、私のわがままだった。頼るものは己れしかない。思いあがった私だった。あとは正育者の教育だけである。

こんないきさつで株式会社カン喜が生まれたのだ。

二〇〇三（平成一五）年、八木ノースイとの合弁会社を解散して、私個人の理念に基づいた会社づくりに入った。両親のつくった歓喜託児園より名前をとって、社名を株式会社カン喜とした。社会のお役に立てる喜び、親より独立して自分の思いどおりに活動できる喜び、自分で作って自分で売れる喜びの実現を込めた命名だった。いずれ「歓喜」にしたいと考えている。

私の考え方は、親会社のノースイにずいぶんと迷惑をかけていた。私は、会社の存続より、社会の底辺のより弱い人たちのための雇用の場づくりを優先したい考えだったが、なかなか受け入れられなかった。もうこれ以上、親会社におんぶに抱っこされる関係はよそう。一回振り出しに戻そう。そう決意しての再出発だった。その反面、私は会社を設立したことで、正育者雇用をはじめて一五年目の経験を生かし、未来を拓く福祉企業を目指して突き進むことができると確信していた。実ったのは二〇〇八（平成二〇）年一〇月。就労継続支援A型事業所「よろこびの里」（現「よろこび」）で実現した。

バブル崩壊後の長い不況の影響により、山口銀行も資金難で企業への貸付金の回収に走っている状態で、当社も含めどこも資金難で苦労していた。この難局を乗り越える光を与えてくれたのが棚橋先生の教えだった。「大衆資本主義について」のところで述べたが、私は、従業員の賃金を株式にし、大学経営コースの仲間にお願いして優先株を買ってもらい、額面一株一三万円で発行した。現在、配当金は一株五〇〇〇円、資本金は九〇〇株、七一七〇万円に至っている。

このように資金面は苦労したが、私は理念の実現に燃えていた。利益は結果として受け止めるのみで目標としないこと。地域社会に貢献できる会社を作ること。そして正育者の雇用と教育を終生の目標として〝一生涯一報恩〟を高々と掲げた。

この年、売り上げは減少したが、それを救ってくれたのが前述の殻付かきグラタンだった。利益率も高く、何にもまして正育者の仕事がある。カキ殻洗いは単純作業であるが根気がいる。その特長は彼らの仕事に向いていたのだ。当社は彼らの特長に合わせて工夫を加えることで成長してきた。とくに配慮した点は以下の四点である。

**（一）単純な流れ作業の仕組みを作る**

工場ではグラタンなど冷凍食品の製造を三〇工程に分け、単純な流れ作業にした。製品は〝心を込めた手づくり〟を基本とし、オートメーション工程の中にも、人の手によるこだわりの製法を守り続けている。正育者は頭で覚えるのではなく身体で覚え身につけていくので、一人一人に担当の作業を決めて、毎日同じ作業の繰り返しをしてもらう。時間はかかるが、数年たつと確実に仕事をこなし、なくてはならない人に育ってくれる。

**（二）健常者、正育者に合った「人の教育」**

健常者には正育者への偏見や先入観を取り除く教育をし、「工場に入ったら健常者も正育者も皆同じ」という意識を持ってもらっている。一方、正育者には本人の得意なことをほめて伸ばす教育をして、欠点を直すことはしない。各人の能力を知り適材適所に配置することで、会社内に「格差のない社会・グループ」を作り上げている。

## （三）「と金教育」と柔軟な勤務体制でやる気を引き出す

最初は目の前の仕事が一つずつしかできなくても、長く勤務していけばいろいろな仕事ができるようになる。将棋の「と金」になぞらえて、正育者であっても勤務年数が一〇〜二〇年になると係長や課長に昇格し、賃金も上がる仕組みの「と金教育」を行っている。これにより、努力し長く勤務することで働く喜びを感じてもらっている。また、「全員が社員、賃金は時給制、月に数日・数時間の勤務でもよい」とし、社員は無理をして出勤することはないが、勤務状況によって賃金が減ることを自覚してもらっている。

## （四）就労継続支援A型事業所と連携し、必要な人を育て直接雇用

国などの各種助成金を活用して、休憩室やロッカー、正育者専用通勤送迎バスを整備した。また、二〇〇八（平成二〇）年、就労継続支援A型事業所として「よろこびの里」を立ち上げ、その中から育った人を直接雇用している。「よろこびの里」では、労働力不足の近隣農家に正育者を派遣、収穫した玉ネギを自社の加工食品に使用したり、これまでは破棄していたカキ殻を細かく砕き肥料として畑にまくなど、地域農業と正育者の雇用を結びつける活動に取り組んでいる。

これまでの当社の実践を踏まえて、これから正育者雇用に取り組もうとする企業へアドバイスするとしたら、第一に「人を大切にしながら会社の利益を上げる」ことである。正育者を雇用し、一人の人間として幸せな一生を送ってもらうことと、会社の利益を上げることはどちらも大切である。安い県外産の農作物を使わず、正育者を雇用して生産した割高な農作物を使っても、国や県の助成金や地元の休耕地を安く利用させてもらうなど、情報や人脈、知恵を絞ることで利益は得られるようになる。

第二は「強い信念と我慢、忍耐で人を育てる」ことである。我々は正育者を雇用し、育てることで会社の利益を生み出してきた。中小企業が正育者雇用を行うには「自分の会社に必要な人は自分が育てる」という強い信念と我慢、忍耐が必要である。彼らは無限の可能性を秘めている。「こんな人に何ができるか」といわれた人でも、教育すると数年で会社になくてはならない人に育ち、たとえようもない喜びをもたらしてくれる。

## カン喜とよろこび　（二〇一四年執筆）

私は、正育者とともに働きながら、仕事のみならず仲間や地域と交流ができ、ボランティア活動や教育ができる場所ができないものか思案していた。人を大切にするには教育の場が必須である。そこで私は、二〇〇六（平成一八）年、特定非営利活動法人周南障害者・高齢者支援センターを設立した。高齢者を加えたのは、八〇歳までは仕事を作ろうとの思いであり、時代の先取りだった。このセンターは、かき殻洗いをして分配金をもらうことができるが、そればかりでなく人が集い憩える場所であり、友達をつくる場所である。また、ボランティア活動や勉強を通して、何のために生きるのか、なぜ働くのかを考える場所ともなっている。

二〇〇八（平成二〇）年には、就労継続支援A型事業所「よろこびの里」を同法人周南障害者・高齢者支援センター内に作った。

最初の五年は初期投資のため赤字経営だったが、年を追うごとに作物が実り、その実りに応じて事業所内も活気を帯びてきた。

米、里芋、大根を育て、たくあんに加工する藤沢農園。一般野菜を育てる一王農園。玉ネギの中村農園では収穫の時期に笑顔が浮かぶ。できた新玉ネギはグラタンの材料になるのだから、小さくても不格好でも大丈夫だ。二〇一四（平成二六）年、田に利用権を設定して正式に農業に参入した。周南市では初めての一般法人の農業参入となる。

正育者雇用に対して一九八九（平成元）年には、労働大臣表彰を受賞し、二〇一〇（平成二二）年には、カン喜グループの活動に対して厚生労働省から障害者雇用優良企業の認定を受けた。

グループが大きくなっても「社会的弱者が地域社会の一員として生活するための雇用の場をつくる」というモットーは変わらない。「よろこびの里」の成果物は、母体のカン喜が買い上げるので、既に六次産業化のルートはできている。新たな挑戦は日々続いていく。正育者は仕事ができないのではない。働く場所がないのだ。何ができそうかを見極めて、教えてやって、やらせて、自信をつけさせたらいい。そうやって仕事を増やしていきたい。

いつ倒産してもいいような会社だったが全体の力で浮き上がってきた。現在、当グループはＩＳＯ２２０００認証に全員が取り組んでいる。国際的な品質管理システムである。知的の正育者たちが半数を占めるがゆえに報・連・相の徹底が大切である。仕組みを作ってやれば、皆素直でよい子たちなので伸びていくのだ。「と金研修」という名称で改めて勉強し直す機会を設けた。一〇年から一五年経った子でさえも教育の機会を与えられることで係長になることも夢ではないのだ。目標は正育者を一〇〇名雇用し、三つのグループ会社を作ること。その三つ目は農業生産法人である。そのための日々の挑戦を続けていこうと思っている。
二〇一四年（平成二六年）、「よろこびの里」を二つに分けた。第一よろこび（グラタンの工場）と第二よろこび（農業を中心とする）。今後、第三、第四といくつにでも分けていこう。

## カン喜グループ（カン喜とよろこび）の考え方（二〇一七年執筆）

**儲かる（経営哲学）**
顔洗いましたか！
ご飯食べてますか！
儲かってますか！

**生きるための基本**
他人（福祉）に頼りながら（相互依存）
自分の力で生きていく（成長）

利益を上げる（お返しする）

**「よろこび」の利用者と指導員**

二〇〇九年（平成二一）年、三〇人の利用者↓二〇一七年現在は六〇人＋カン喜三〇人

二〇人の指導員、支援員↓二〇一七年現在は三〇人

借入金は二〇〇〇万円　↓　現在は現金二〇〇〇万円

年二〇〇万円×一〇年＝再生産

空き家の活用

高齢者の雇用拡大、介護事業

地域振興

**福祉と経営**

なぜ、ひんしゅくを買ったか

儲けてはいけない？

〇福祉の世界……もらったものを配る世界か

<table>
<tr><th>釈尊の教え</th><th>事業</th><th>人（者）</th></tr>
<tr><td>奇なるかな<br>　奇なるかな<br>生きとし生きるもの<br>すべて仏の智慧と<br>徳相を具有する</td><td>（株）カン喜　と<br>就労継続支援施設よ<br>ろこび<br>利益追求と福祉<br>　×　教育</td><td>（障害者）を正育者と<br>名称を変えよう</td></tr>
<tr><td>智慧<br>①皆異なる<br>②成長する<br>③助け合う<br>④歓喜の世界</td><td>事業<br>〈信＋人（者）＝儲け〉<br>★儲けるは事業の基<br>本<br>★教育こそ正育者に<br>よろこびを与える<br>★自主独立<br>★再生産<br>★よろこびは夢の追<br>求</td><td>八正道<br>一　正見<br>　正しく公平な見方<br>二　正思<br>　相手本位の考え方<br>三　正語<br>　正しく優しい言葉<br>かけ<br>四　正行<br>　仏の戒めにかなっ<br>た行い<br>五　正命<br>　正しい生活<br>六　正精進<br>　時間をかけてゆっ<br>くり励む<br>七　正念<br>　正しい心で励む<br>八　正定<br>　正育者と呼ぼう</td></tr>
</table>

教育と行いと人（者）

○経営とは……儲けて、再生産

できるだけ自分の力、智慧を使う

助けてもらって、他を助ける　↓「儲かってますか」

**借りたものは、返す精神**

人のお世話はするように、

人の世話にはならぬよう、

そして酬いを求めぬように、

いずれ返していく　↓　正育者雇用　↓　地域振興　↓　高齢者対策

一生涯一報恩

※私の一生も、困った人を助けて（倒産会社）、そして、その思想を残していく

**困っている人がいる、助けながら己も生きる**

①　かき殻↓捨て場所に困る

食品の皿として活用、人の雇用

② 田や畑↓利益の上がらない農業を誰がやるか
③ 高齢で、後継者がいない
果樹園等の場合、こちらから手伝いに行く・（二次）格下品をジャムにする
④ 世の中に困っている人、物、場所はないか
⑤ 障害を持って、仕事のない人が大勢いる
すべて儲けのチャンス

**「よろこび」はこれから何をするか**
（一念三千の世界）
① カン喜を見守る（事業内容の変化）
一旦 事あれば ↓ 助ける
② 戸田・夜市・湯野の農業
福川の漁業
須金・大島の地域振興
③ 六次産業

（雇用）生産　加工　販売　福祉　教育　雇用

（一×二×三）×四×五×六×七…

↖

六次　↓　夢は無限に拡がる

④　不動産管理

空き家対策

⑤　七〇代～八〇代～九〇代の人の介護事業

高齢者に働く場所、生きる場所、楽園をつくる。

**一念、三千の世界**

すべての存在するものは、このままじっとしていたい・何か変わったことをしてみたい、他人を助けてみたい

無駄なものは、一つもない、全てを生かす

このことを分かりやすく教えてくれた人がいる。それが釈尊、仏陀の教えである。

私の経営不振会社、再生の始まりは、仏の教えにつながることから始まった。

庭野日敬氏の教え、立正佼成会の教え。困っている人がいる、何とか再建したい、そこに正育者の存在を知った。佼成会入会と時を同じくした。

工場の二次、格下げ、商品を教会玄関で売らせてもらった。

三〇年が経過した。七面山登山から始まった嶽山登山も一七六三回になった。

一人から始まった正育者雇用も九〇人になった。思いは広がっていく、正しい方向に向かって（八正道）の世界。兄のボーイスカウト運動も役に立っている。両親の歓喜託児園も後押ししてくれる。

カン喜、よろこびのグループは一七〇人、家族を入れると五〇〇人。

この考え方に共鳴する方々は山ほどいる。その力を借りて、一次、二次、三次、六次産業～千次産業にもっていきたい。人の雇用はいくらでもできる。

ポイントは　自分のグループの中でやっていく。

　無駄を排する。

　見捨てられるものを再生する。

　利益はお返しする。

　仏の智慧を使う。

## 平成の歓喜奇兵隊出陣　（二〇一四年執筆）

二〇一三（平成二五）年一〇月一三日、歓喜グループで創業四〇周年を祝った。その約一カ月後に創業者八木邦彦氏が他界した。その式場で私はこんな弔辞を述べました。

「私は三人の社長、二人の会長を持ちました。一人は八木水産より八木ノースイの会長となった八木邦彦氏。一人はノースイの岡本吉博社長、会長、相談役、もう一人は早く亡くなられた坪谷芳三郎社長に仕えました。

五五年前の一九五八（昭和三三）年、東京水産大学水産経営コース教授の棚橋鐘一郎先生のお導きで、坪谷社長率いる太洋農水産株式会社に入社しました。

八木邦彦氏より多くの財産、土地、工場を提供していただきました。その後押しで今、二つのグループ株式会社カン喜、就労継続支援施設よろこびの一六〇人で、その内の八〇人は知的と精神障害者（正育者）の子どもたちです。二六年前の一九八七（昭和六二）年より、正育者雇用を始めて雇用率は五〇％を超えました。これはすべて八木邦彦氏の後押しがあってのことです。ありがとうございました。

私には大きな夢があります。先祖、先輩、仲間に支えられて今、歓喜奇兵隊は出陣をしようとしています。湯野、夜市、戸田の荒れた田畑を生き返らせます。五年目で玉ネギ一〇万本を植えました。殻付かきグラタンも四〇〇万個、売上は年二億四〇〇〇万円となりました。農業については道が見えました。今、福川の海は死んだようです。あの豊かだった福川の海。八木邦彦氏との縁につながった海をどうするか、私にまた一つの課題が与えられました。どうすれば昔の海に戻るのか。今は傍観者ですが、いずれ歓喜奇兵隊を大きくしてこの海を復活させたい。八木邦彦氏より私は一〇年若い。いずれこの話をご報告にまいります。

夢は三〇〇人グループ、株式会社カン喜、就労継続支援施設の第一よろこび・第二よろこび、農業法人いぶき、正育者の力を借りて、いざ出陣です。

しかし、今また大きな山が、川が目の前に立ちはだかってきました。八〇人の子どもたちを連れてどう乗り切るか。面白くなったぞ」

正育者との出会いのなかで私は数々のことを学んだ。

生まれ難くして生まれてきた人にこの世の役に立たない人はいない。皆秘められた素晴らしい力をもっている。私はその信念をもって人を見る。世間の常識で、自分の御都合主義で人を見るから秘められた力を見ることができない。私の会社では採用に試験をしない。縁あって私とふれあった人、来たいと思う人、一人で歩いてこれる人、休まない人たちを皆受け入れる。

競争についていけない人、ストレスで精神病になる人、生活保護を受ける人たち、刑務所への出入りを続ける人たち、ホームレスの人たち、この人たちを支えるのが私たちの仕事である。社会の困っていることに目をつけ、困っている人たちを助けることである。底辺の人たちに仕事を作り続けることである。苦労は喜びである。仕事を作り出すのは喜びである。他人様につくすことは喜びである、歓喜の精神である。世の中の不合理に逆らって世直しをする勇気のある人、根性のある人はいないだろうか。そんな人を私は待っている。鈍でも継続する力をもっている人を。

若いときに経営の基本を学んだことが小企業の経営に大いに役立った。今年は喜寿の年、まだ一〇年はがんばれる。見えざる神の手が後押ししてくれたように思える。

思えば、と金の戦士たちも、外部団体で表彰してもらった。中学の特殊（特別支援）学級卒の人も今では課長として活躍している。彼は徳山市の商工会議所で優良社員として表彰を受けた。全国重度障害者多数雇用事業所協会にて四人の社員が表彰を受けた。そのあと東京スカイツリーに登って、食事をとらせ、大いにその栄をたたえ、楽しませた。この子たちの労働寿命は一般人のように六五歳までは難しい。五〇歳くらいになると下降線をたどる。

表彰を受けた久野雅義君は、表彰を受けた翌年、肺の病でなくなった、係長としてこれからが楽しみだったのに。二一年の勤続をたたえご冥福をお祈りしたい。

一〇年以上も続いた高藤和子さんも糖尿病で亡くなった。須々万の中須から朝早くお父さんの車でバス停まで送られ一三年も続いたが病魔には勝てなかった。よく頑張った。

清水勇郷君も三〇歳を目前まで係長としてよく頑張ったが、体調管理のまずさと、夏場クーラーの管理不十分で急死した。

一年に二回健康診断を行っているがさらなる一人一人の管理が必要と思われる。障害の人たちの老いは早くやってくる。その対策も必要だ。

その一方で、成人式では毎年五、六人の若者を祝うことができるようになった。当グループの年齢構成は二〇代三〇代が中心である。冷凍食品の同業者の平均年齢は五〇代六〇代が大部分であり、その意味で当社は恵まれている。高齢者時代を迎え、労働人口が減少するという中で、わがグループは先見の明があったのだ。この先、人の数で困ることはない。若い人の集団で考えることは、人口不足といわれる中での結婚の問題であろう。お互いの障害を認めあいながら、カップルのお手伝いをする。両親を納得させる。カップルのために住居施設をつくる。その後の生活をフォローする。私にとってやらねばならない最後の勤めである。

次の世代にこの会社を引き継いで行く若い人たちに夢を与えねばならない。健常とか障害とかは関係なく意欲ある人、夢をもてる人をどう育てるかかが大切であろう。相撲の世界では十両に昇進すると付人がもらえる。当社も主任になると付人をつけて手助けと指導の関係をつくらせている。「未来を拓く福祉企業」というキャッチフレーズで二一世紀に向けた企業のあり方を世に問うている。

月に二回、従業員ともども近くの無人駅を中心に国道の清掃奉仕をする。一月二一日には、昨年に引き続き阪神・淡路大震災及びユニセフへの募金活動を行った。一〇年前には、暮れには使わない品物をバザーで金に替え、独り住まいの老人にケーキを買い三五カ所に配った。

ともすれば面倒を見てもらうことが必要だと思われている正育者も育て方によればこん

なに役に立つ人になりますよと世間に問いたい。世間にPRしたい。世間を教化したい。そんな思いで一五年前、「未来を拓く福祉企業」の看板を屋上に高々と掲げた。

二〇一四（平成二六）年、正育者の数はグループ全体で八〇名を超した。近い将来、一〇〇名を目指す。湯野、夜市、戸田の農地は荒廃していく。復活するには福祉の力をかりて若い人たちの力が必要である。一〇年後には二五〇名の大集団としたい。やらねばならない仕事は山ほど待っている。

智慧と徳相を備えた平成の歓喜奇兵隊が未来を切り開いていくのだ。

# 第二部　報道記事

## 物づくりを通して人づくりを　企業理念としての障害者雇用を実践

（「働く広場」独立行政法人高齢・障害・求職者雇用支援機構、一九九二年四月号掲載）

### 〝人手不足〟の解消から五年一〇年先を見つめた雇用を

徳山市の郊外にある八木ノースイ。カキフライ、エビフライ、各種天プラ、冷凍野菜などのいわゆる冷凍食品のメーカーである。ノースイブランドの製品に加えて、自社ブランド商品も展開し、年商一〇億円を超える企業。〝エビコロくん〟というエビとコロッケを合体させたフライや〝かき串フライ〟という串つきカキフライなどユニークなヒット商品を開発ヒットさせている企業でもある。

このヒット商品も、工程は手作業。こうした手作業に頼らざるを得ない製造業は、現在どこでも人手不足に悩んでいる。同社がその人手不足解消のために、職安を通して障害者雇用に踏み切ったのは、六年前。

「とくに当社の場合、従業員に近くの農家の主婦が多い。ということは、農繁期、六月の田植えと一〇月の稲刈りのころに、人手が激減してしまうのです」

とその動機を語ってくれたのは、同社の上坂道麿代表取締役。

しかし、結果はみごとに失敗。初めて雇用した一人の障害者は、すぐに退職してしまった。原因としては、受入れる健常者とその障害者との間にコミュニケーションが成立しなかったことにつきる。たぶんお互いが、構えてしまい、一人の寂しさに耐えきれなかったのではないか、上坂氏は分析する。

そして翌年は、四人の障害者を雇用、うち三人が残り、自信を持ったという。いまでは、全従業員七九人のうち障害者はなんと一九人（知的障害者が一八人、肢体障害者が一人）。

「私としては、弱い人を助けたいという気持ちもあります。自分が子どものころ、私の両親が無料の託児所をやっていたこともあるんです。そういったことが影響しているかもしれませんね」

と上坂氏は私的な動機も話してくれた。

また、工場のハードの制約があり、現在では車いすを使う障害者は雇用できないでいる。ゆくゆくは、いろいろな障害をもった人も雇用していきたいとも考えているという。そんな八木ノースイの実践をみる。

## 障害者雇用の難しさは社内の意識革命の難しさ

八木ノースイでは、障害者も健常者も一緒になって働くことを基本としている。つまり同じ製造ラインに障害者と健常者が並ぶ。したがって、お互いのコミュニケーションがうまく成立しなければ生産性は下降してしまうに違いない。もちろんそんなことは、社員の誰もが理解しているはずと、上坂氏は思っていた。

ところが、知的障害の子どもたちの雇用を決めた同氏に、身内から反対の声があがった。

「企業はテストによって質のいい子どもを選び採用する。それで企業のパワーをつけて行くんです。何も当社が、わざわざできの悪い子を雇用して苦労することはない」

「食品製造業というのは、衛生的でなくちゃならない。衛生管理はできるのだろうか」

「本当に仕事が覚えられるのだろうか、いつまでも教えてばかりでは、自分たちの仕事がはかどらない。それをこちらの責任にされたらかなわない」といったところが、主な反対理由。おそらく現在の障害者雇用が進まない理由の典型を、これらの意見にみることができる。知的障害者と接したことのない人にとって、こうした誤解はまだまだ多い。そしてまた、会社のためを思ってのことだけに、この誤解を解くのは大変だ。だから、上坂社長は、〝意識革命〟という言葉を使った。

「とにかく、受け入れる側が共通の理解を持っていなければ、とてもやって行けません。それでことあるごとに、人材というのは、育ててはじめて会社の財産になるのだし、それができなければ管理職としては失格なんじゃないか、と強く言ったりしたこともありました。確かに食品工場としては、衛生面は注意してし過ぎることはないわけで、だからこそ注意するように子どもたちにも指導してやらせなければならない。そのための班長であったり主任であったりするわけですから」と採用前には、連日のようにミーティングを開いて管理職全員に話したという。

そして最終的な責任は、言いだした上坂氏が取るということで、同社の障害者雇用はスタート。その後、前述したように、雇用者数は順調に推移した。意識革命は成功したと言ってもよいだろう。

「そうですね。〝あの子がこんなことをやれるようになった〟と嬉しそうに話してくれる社員もかなり増えましたしね。もっとも、まだ〝顔を見るのもいやだ〟と思っている社員もいるかも（笑）」と上坂社長。

## 人間関係を覚えることよりも仕事を覚えることは簡単

実際に同社の製造ラインを見る。帽子に白衣姿で働く従業員の中から障害者を見つけるのは難しい。じっくり見ていると、ときどき戸惑っている従業員を見つけることができた。ちなみにカキフライの工程では、冷凍されていた生カキを洗い、次に大きさを揃え大きい物を包丁でカット、パン粉をつけ、トレイに並べフリーザーへ（冷凍のため）。以下袋詰め、箱詰めの梱包作業で終了。その製品は保管冷凍庫で出荷を待つ。他の製品の工程もほぼ同じ。

この工程の中でＯＪＴを通して日常的に障害者も作業を学んでいく。

「私たちが繰り返し教えれば、だいたいどんな作業もこなしてくれる。そのことは実際に指導にあたっている主任なども十分にわかってきた。ただあの子たちは自分を表現するのが非常に下手なんです。ですから、ちょっと忘れたりすると、尋ねる前にどうしようかと思っちゃう。そこで隣の人に聞けばいいのだけど、なかなかそれができないんですね。ですから私たちが、すぐに聞けるような関係を注意深く築いていかなくちゃならないですね」

そのために、障害者一人ひとりにトレーナー（直接的な指導を担当する上司）を付け、指導マニュアルもつくった。マニュアルは、基本的なことから徐々に高度なところへと進

められるようになっており、できた日付を入れるチェック欄がある。ちなみに一番最初の〝あいさつの基本動作〟の項には、
（イ）朝、家庭で職場で大きな声で『おはようございます』と言える。
（ロ）お客さんが見えられたとき『いらっしゃいませ』と言える。
（ハ）帰るとき『さよなら』または『お疲れ様でした』が言える。
（ヘ）休むときは自分で上司に電話する、または前日知らせておく。
など一〇項目が並ぶ。その後は〝衛生について〟〝安全について〟〝理解について〟などがあり、最後のページでは、〝整理について勉強する〟というような自己学習がテーマとなっている。

このマニュアルの実践を通して障害者の自立と、より豊かな人間関係を周囲につくってしまおうということのようだ。

**階級性を導入しヤリガイと仲間意識を育てる**

「ボルトとナットがあれば物を止めることはできますが、ワッシャー一枚かますことによってずっとしっかりするんです」

上坂社長の組織論だ。確かに均質な組織よりも、多様な人間のいる組織のほうが、しなやかで強いだろう。ただそれは組織内の個々が、自律的に行動することができるという前提のうえに立ってのこと。

上坂社長は、この点も意識しているらしく、二年前に階級性を導入。同社のつくった階級は、六段階で帽子に線を入れることによって表現されている。見習い期間にある社員は、黄色の線。一応期間としては、入社後三カ月～六カ月。この間にマニュアルの基本事項を習得すれば、ブルーの線に昇級する。その後は、赤い線、同色二本線、黒、黒二本線となっていく。

「工場内では、みんな同じ白いユニフォームを着て帽子を被ります。そうすると技術の到達度など瞬間的に判断できないことがあります。とくに、社員は班に分かれていますので、直接の上司じゃないとその子の細かなところまで把握しきっていない。でも黄色い線が入っていれば、「見習いの子だな」って瞬時にわかります。そうすれば、対応も当然違いますしね」

そして、班の誰かが昇級すると、その班に対して一万円の報奨金が出される。つまり班全員でお祝いしようということだ。仲間意識を育てるための、一つの契機となる。

しかし、階級制度というのはその活用法を間違えると逆効果になる。階級が刺激であったり、ヤリガイという自己実現の一つとなるような環境があって、はじめて成立する施策である。

同社の場合、昇級した従業員がそれぞれ次の級をめざして頑張っているし、素直に昇級を喜んでいる。そして何よりも昇級が遅れようがあまり気にならないムード（もちろん、努力を放棄しているわけではない）もあるという。こうした制度は、まず環境整備が優先するのだ。同社でも遅れて始まったのは、そういう理由があったからなのだ。

## 未来を見つめる明確な戦略も必要

障害者雇用で、着実な成果を挙げてきた八木ノースイ。次なる戦略としては、

「まあ、私個人の夢なのかもしれませんが、できれば通勤寮のようなものを建てて、障害をもった人でも安心して通えるようなシステムづくりができたら……と思っているんです」

上坂社長の言葉は、現在通勤に一時間ほどかけて通ってくる社員のことを考えたうえでのこと。そして、

「企業というのは、どうしても利潤を求める以上、生産性を考えなければなりません。そのことは、障害者にとって厳しいけど現実なのです。それをわかって欲しいのです。例えば、もう少し採用者数を増し、二交代制ができれば絶対に生産性は上昇するし、完全週休二日制もとれると思うんです。そのためにも通勤寮のようなものを考えたいですね」

と言葉をつないだ。

企業というのは、ボランティアではなく、利潤を追求する団体であるという極めてアタリマエなことをアタリマエにやらなければならないのである。そのことを抜きにして語ってしまったら、まったく無意味なものとなってしまう。

「最初は、自分だけがよければいいのではなく、他者を活かしてこそ自分も存在できるというようなことを強調してばかりいました。でも、いまはそれほど気取らないで話すことができるようになりました（笑）」

という上坂社長は、苦笑しながらも自信のほどを覗かせる。

「とにかくね、障害者を前にして、使える人材として見えるのか、それとも全然ダメな人材として見えてしまうのか。これだけで障害者雇用はできると思います。周囲の目を気にして躊躇している企業もあると聞きますが、まず始めることによって理解者は生まれてくるものだと思います」

なかなかラディカルな言葉だ。上坂社長は自らも実習生の指導にあたり、絶えず障害者と触れあうことを心掛けている。その現場での障害者の笑顔が、こうした言葉を選ばせているようだ。同社の未来戦略もそこから生まれたと言っても過言でないだろう。　了

## 一生涯一報恩――この道まっすぐ　（「佼成新聞」一九九五年六月二三日号掲載）

障害者を雇って八年が過ぎた。上坂道麿さん、六〇歳。農水産加工会社「八木ノースイ」の代表取締役社長だ。社会復帰を助けてきた。

上坂さんの心には、「困っている人の手助けができる人間になりなさい」と言いながら、無料の託児所を開いていた両親の生きざまが息づいている。「両親はだれでも分け隔てなくかわいがっていました」。上坂さんも障害者を特別な目で見ない。だから、『子どもたち』と呼ぶ。「彼らを一人前に育てあげること、それが両親への恩返し」――還暦を迎えた今、心にそう誓う。

## 役目　一緒に汗を流し信頼の絆を育む

午前八時一五分、業務開始のチャイムが鳴る。一斉に機械が回り出す。白帽子に白衣姿の従業員が各部署に散る。子どもたちも同じ製造ラインで一緒に作業をする。互いのコミュニケーションを密にするためだ。

上坂さんも一日に四回は白衣に着替えて工場内に入る。みんなに声を掛け、時には一緒に手を動かす。本当は、一日中みんなと仕事がしたい、と思う。けれど、電話や来客の応対で一日がつぶれてしまうこともある。

「みんなと一緒に汗を流すことで、より強い絆《きずな》が生まれます。互いの信頼関係を築くのが私の役目だと思っています」

上坂さんが障害者の採用に踏み切ったのは、人手不足解消が理由だった。「当時、従業員の多くが農家の主婦でした。だから、六月と一〇月の農繁期には、人手が激減してしまう。仕事にならなかったんです」。

市の職業安定所から障害者雇用の話が持ち込まれた。社内から反対の声が上がった。

「経営の苦しいわが社が、障害を持った人を雇うことはない」「仕事を失敗したときの責任はだれが持つのか」……。従業員たちの会社を思う気持ちが、上坂さんの心に痛いほど伝わってきた。

しかし、決して折れなかった。連日、管理職を集めてミーティングを開いた。反対意見は根強い。上坂さんはその度に意識の変革を強調した。

「受け入れる側が共通の理解を持たなければ、会社運営はうまくいかない。人材というのは、育ててはじめて会社の財産になるのだし、それができなければ、管理職失格なんじゃないか」――物づくりを通して人づくりを、と訴え続けた。

そして、最終的な責任は社長である上坂さんが取る条件で、八木ノースイの障害者雇用はスタートした。

## 確信「みんなの心が一つになった」

八木ノースイは徳山市戸田《へた》にある。カキフライ、キスフライなどの冷凍食品を製造して東京、大阪を中心に全国各地に卸している。製造は、専用トンネルフリーザーや自動パン粉付機をはじめ、すべてオートメーション化して一日約一五万個を作っている。

三四人の子どもたちが働いている。反対を押し切って採用した最初の子どもは、数カ月で退職してしまった。従業員とのコミュニケーション不足による寂しさに耐えられなかったのだ。

　この失敗から、管理職と子どもたちが一緒に取り組む業務マニュアルを作成した。翌年、四人を採用し、三人が残った。「あの子が、こんなこともできました」という声が管理職から上がってきた。〈みんなに人を育てる意識が芽生えてきた〉。上坂さんの心に自信が湧《わ》いてきた。

　四年目からは、帽子に線を入れた階級制を導入した。見習の黄色から管理職の黒二本まで六段階に分け、仕事に対する意欲を育ててきた。「一つのことができれば、すぐ昇級させます。それが、子どもたちの自信につながりますからね」。

　年平均四人ずつ採用してきた。今では県内の養護施設、中学校などからの見学や実習依頼、採用希望が後を絶たない。障害者の社会復帰へ着実な成果を上げてきた証拠だった。

　近くの湯野温泉に一泊研修に行くこともある。仕事も遊びもみんなで一緒に、というのが上坂さんの持論だ。

　忘れられない思い出がある。青木孝明さん（二三）。養護施設から入ってきた。仲間の声掛けにもうまく答えられないほど内気で、人見知りする性格だった。その青木さんがこの一泊研修で変わった。ほかの子どもたちの手を引いてカラオケや遊戯に興じていたのだ。

これまで見たことのない生き生きとした表情だった。

「みんなが、平等に触れ合ってくれたことがうれしかったんですよ、孝ちゃんは」――母親の久美子さん（五三）から後日、上坂さんは喜びの声を聞いた。「みんなが一つになれた」。そう確信した。

**法縁　庭野会長の言葉が胸に響いて…**

「子どもたちは、これまで社会の偏見の中で一人ぼっちで生きてきました。だから、働ける喜びは私たちの想像以上に強いんです。私は、子どもたちを障害者として見ません。特別な目で見ることは、彼らに再び孤独な世界を味わわせることになると思いますから」

大切にしているものがある。自宅で両親と上坂さん、それに多くの子どもたちが写っている一枚の写真だ――父・信二《のぶに》さんと母・聰子さんは、昭和九年から、郷里の福井県細呂木で農繁期に自宅を開放して『歓喜託児園』を開設した。専門の保母を雇い入れ、約三〇人の幼児を預かっていた。保育料は徴収せず、すべて上坂家の出費で行っていた。夕方になると、リヤカーに子どもたちを乗せて村中を歩き回った。また、和裁の得意だった聰子さんは、近所の婦人たちを集めては教えていた。「困っている人の手助けができる人間になりなさい」。両親の口癖だった――。

そうした両親の生きざまを自分も継承していきたい、と思っている。障害者雇用に踏み切ったのも、両親の遺志を継ぐためだった。「それが、両親への供養」と上坂さんは言う。

その思いを、一層強くしてくれたのが、教会のサンガだった。手どり、法座、清掃奉仕……。他人のために身を使う会員の姿に両親の姿が重なった。「両親の活動と、私の活動を信仰として結び付けてくれたのが、教会の仲間でした」。

四月二二日、庭野会長が徳山教会を訪れた。上坂さんは、子どもたちや地域の人たち三八人をマイクロバスで教会に連れて行った。「理解できなくてもいい。ご本尊さま、会長先生の縁に触れてほしい」。法縁に触れることで各自の人生に光が当てられればというのが、上坂さんの願いだった。

「まったく同じ人間はいません。それぞれに個性もあれば光も宿している存在です。その光をお互いに発揮し、協力していく中で、明るい社会も実現するのです」――法話の一節だ。まるで、自分に向かって言われたように感じた。

法話を聞きながら、この八年間を振り返った。猛烈な反対、度重なる失敗、子どもたちとの別れ……。自身も血清肝炎で入院生活を送った。決して平坦な道ではなかった。けれど今、庭野会長は個々の光の存在と共生の大切さを説いてくださいました。「この道をまっすぐ進め」。上坂さんは、身の震えるのを覚えた。

## 新たな一歩　頂いた真心に人づくりで恩返し

今年から主任のお役をもらった。上坂さんは社内布教として、五月から班長集会（月一回）を支部から借りた教学スライドの観賞に当てた。法華経との縁を結んでもらいたいと願うからだ。これまでに『縁起』『三法印』を上映した。終了後には全員で感想を語り合う。「言葉の意味は分からなくてもいいんです。みんなの生活が教えで少しでも変わればと思っています」。最近では、熱心にメモを取る人もいるという。

日課にしていることがある。登山。自宅近くにある標高三六四メートルの嶽山《だけやま》に登る。平成三年、血清肝炎完治後、体力回復のために始めた。（二〇一四（平成二六）年七月現在、一六七八回になった）

早朝五時、経典を読誦しながら登る。経営戦略、子どもたちの育成、お役のこと……。今では一日の智慧《ちえ》を頂くことが目的になった。今月で四〇〇回を超えた。目標は千回だ。達成までに子どもたちを五〇人に増やすことと、通勤寮レストランを新設したいという。

「どっちが先か、目標は大きい方がいいでしょ」。

今年、還暦を迎えた。第二の人生のスタートだ、と上坂さんは言う。「これまで受けてきた恩を、人づくりという形でお返ししたいと思っています」。

## 企業と福祉の結びつきで大きな力

## 周南徳山　カン喜、よろこびの里で障害者六二人

## できることをさせて能力を引き出す

(「日刊新周南」二〇一〇年二月一日掲載)

周南市戸田の冷凍食品メーカー、カン喜(上坂道麿社長)では同社と運営している就労継続支援施設よろこびの里利用者を含め知的障害者を中心に障害者六二人が働いて全従業員の半数を占めており、企業と福祉施設の連携の成果として注目されている。

同社は障害のある人が働く機会を増やそうと三年前にNPO法人周南障害者・高齢者支援センター(理事長・上坂社長)を設立。一昨年一〇月には同センター運営のよろこびの里が就労継続支援施設に指定された。ここでは障害者三五人と指導員など健常者二〇人が作業し、カン喜も従業員七〇人のうち二七人が障害者。

上坂さん（七五）は一九八一（昭和五六）年に親会社のノースイから当時は八木ノースイだったカン喜に出向して社長を務め、二〇年以上前から障害者雇用に力を入れ、労働大臣表彰も受けた。

社名は二〇〇三（平成一五）年にカン喜にしたが、これは上坂さんの両親が福井県で農繁期に自宅を開放して開いていた「歓喜託児園」にちなみ、親と離れて一人立ちする喜び、多くの障害のある子どもを育てられる喜び、商品を作って多くの人に買ってもらえる喜びの意味を込めた。

かきフライと殻つきかきグラタンが主力製品だが、グラタンの器にはかきフライ用の殻を洗浄して利用する。

工場ではグラタン製造などを三〇工程に分け、できることを担当させている。失敗もあるが、上坂社長は「六〇%、いや五〇%主義」と話し、できることを伸ばしてエキスパートを育てている。

障害者は総合支援学校などを卒業して入った人が多く、一八歳から四〇歳まで。上坂さんは「国内の冷凍食品会社は社員も六〇歳以上が多く、こんなに若い人がいる会社はない」と楽しそう。

ＮＰＯ法人は最低賃金などにしばられず、国などの就労支援の助成金も活用してまず働ける場所の確保をと設立し、カン喜の三カ所の工場で作業ができる。かき殻の洗浄やかきフライ、グラタンの製造ラインで働き、育った人はカン喜に移れるようにしている。

上坂さんは「企業と福祉が結びつけば力が出る」と話し、企業に原料を供給する農業や製品の宅配、さらに介護などにも事業を広げたいと意欲を見せている。

## 人物ルポ香風のごとく　徳山教会　上坂道麿さん（七六）
## 従業員の心をつなぐ無我の精神　（「佼成」二〇一一年八月号掲載）

長年、障害者の雇用に力を入れてきた企業がある。山口県周南市で冷凍調理食品の製造加工を行なう株式会社「カン喜」。従業員一四〇人中、半数が知的障害や精神障害など何らかのハンディキャップを抱えている。社長を務めるのが、徳山教会の上坂道麿さんだ。

「障害者の人たちが、喜びを感じながら安心して働ける場を提供したい」。周囲から批判を浴びながらも、その信念を曲げずに「すべての責任は私が負う」と説き伏せ、障害者雇用に踏み切った。二四年前のことである。

厳格な品質管理と徹底した効率化が利潤に直結する食品製造業にあって、地道な人づくりにとりくむ上坂さんの願いとは――。

中国山地の山並みを望み、稲田が散在する丘陵地に「カン喜」は社屋を構える。カキフライや殻付グラタンなどを主力商品とする冷凍食品メーカーで東京、大阪など取引先は全国各地におよぶ。

来客や会議のあと、わずかな時間でも、白帽子に白衣姿で工場に入ることが、社長を務める上坂さんの日課だ。そして、冷気漂う工場内で製造ラインに居並ぶ従業員の多くが、知的障害をもった若者たちである。仕事で困っていることはないか、仲間同士の関係はどうか。一人ひとりの様子に目をくばりながら、気になる若者がいれば声をかける。そうして、精神的にも肉体的にもストレスを溜めずに働ける職場づくりに心を砕いてきた。

製造ラインを三〇工程に分け、ベルトコンベヤーによる流れ作業で、一日に約二トンの原材料を加工。大型冷凍トンネルフリーザーや自動パン粉付機、異物混入をチェックする探知機の導入など、赤字覚悟で設備投資を積極的に進めた。

オートメーション化を急いだ理由について、上坂さんは「まず従業員の負担を軽くすること。また、障害者を雇用する食品会社だからこそ、安全な製品を安定して生産できる仕組みをつくり、取引先や消費者の信頼を得たかった」と、打ち明けてくれた。

いまは職場に和やかな雰囲気が醸成されているが、障害者雇用を始めたころは、従業員同士の仲がぎくしゃくした。上司や同僚と上手くコミュニケーションがとれず、会社を辞めていく若者もいた。「みな、カン喜で働く仲間として心を一つにしてほしい」と上坂さんは願わずにはいられなかった。そこでとりくんだのが、自らが講師を務める法華経研修だ。その一つが、障害をもつ従業員を対象にした「と金」教育である。

「と金」とは、将棋の駒の一つ「歩」が、昇格して金将と同じ働きができるようになる意を表わす。地道に精進を重ねれば、だれもが必ず成長できるという信念に基づいて、そう名づけた。毎週木曜の昼休み、社長室で昔話「花咲か爺さん」を出席者全員で輪読したあと、登場人物である素直で善良なお爺さんと、意地悪で欲深なお爺さんの生き方を例に挙げ、「慈悲と智慧」と「思いやりと感謝の心」について説く。「内容がわからなくても構いません。教えにふれたという事実が成長への一歩です」。何度も同じ研修をくり返し行なうのも、「カン喜」には大切な法の種まきなのだ。

もう一つが、一般従業員向けの研修だ。主に三法印の教えを紹介している。義務づけてはいないが、管理職のほとんどが参加するという。

「利益を求めるだけが目的なら、それは私が目ざす企業ではありません。みなが人間的に成長できる組織でありたい。従業員すべての手を介して一つの製品ができあがるように、互いが助けあって生きていることのすばらしさに気づいてほしい。そのために諸法無我の精神を社内で学んでいます」

上坂さんの会社に「働きたい」とやってくる若者は、みな何らかの障害を抱え、学校でいじめに遭ったり周囲から差別を受けたりして、心に傷を負っている。そんな彼らが生きる自信をとり戻す一助になればと、本人が希望すれば教会道場に誘い、道場当番や宿直のお役をともに行なう。

知的障害をもつAさんは、仕事とお役をとおして引っこみ思案を克服しつつある。中学卒業後に入社。まもなく上坂さんに導かれ、ご法の縁にふれた。積極的にお役にとりくむようになったAさんは、昨夏、地元の夏祭りに同僚を手どって出かけ、自主的にアームズダウンの署名協力を訴えたという。慈父のように見守ってくれた上坂さんを、「とてもやさしい、お父さんのような存在」と語る。

また、息子が「カン喜」に勤めて一〇数年になるというBさんは上坂社長の人柄について、こう話してくれた。「社長さん自らが子どもたちと根気よくふれあってくださり、個性をつかんで能力を引きだしてくださいます。障害を特別視せず、何にでもとりくませてくださる姿勢には頭が下がります」。

従業員の人生を背負う経営者であり、親代わりといえる上坂さんだが、彼をして積極的な障害者雇用を推進せしめた原点はどこにあるのだろう。

壁に直面したとき、いつも思い浮かべたのが、郷里の福井県細呂木村（現・あわら市）で慈善事業に尽力した父・信二さん（享年八四）と母・聰子さん（享年七九）の姿だった。昭和九年から一〇年間にわたって、両親は託児所「歓喜園」を開いた。昭和恐慌を経て戦争に突入していく時代、働き盛りの男たちは相次いで出征、母子と老人しか村には残らなかった。各家の窮状を見かねた二人は、農繁期に自宅を開放して幼児を無償で預かったのだ。両親が口癖のように、幼い息子に言って聞かせた言葉がある。「困っている人に手を差し伸べられる人間になりなさい」と。「父と母から、人として歩むべき道を教えられた気がします。それは会社経営にも通じる生き方でした」と上坂さんは述懐する。

それだけではない。実は、かつて会社が深刻な人手不足になった時期があった。当時、従業員のほとんどが農家の主婦のパート勤務。そのため、農繁期にはだれも出勤できない。その間、貴重な労働力として会社を支えてくれたのが彼らだった。だから毎晩、読経供養を終えると目を閉じ、「カン喜」で働く若者たちへの感謝の思いをかみしめる。「救われたのは私でした。彼らの個性を伸ばし、職人に育て上げるのはせめてもの恩返し。『一生涯一報恩』の精神です」。

三年前、上坂さんは新たな福祉事業を興した。重い障害や精神疾患ゆえに常勤できない若者に、各自のペースで通える就労訓練の場を提供したいと、NPO法人周南障害者・高齢者支援センター「よろこびの里」を創設したのである。カン喜工場での作業のほか、地元農家の協力を得て、玉ネギ一万玉の栽培も始めた。ゆくゆくは休耕田を借りて、障害者と高齢者が本格的に農業を営む大農園をつくることが、もう一つの夢だ。

## 障害者雇用で農業にも
## カン喜が創業四〇周年　周南徳山・記念イベントに五〇〇人
## 大にぎわいの会場

（「日刊新周南」二〇一三年一〇月一六日掲載）

従業員の半数以上が障害者という周南市戸田の冷凍食品メーカー、カン喜（上坂陽太郎社長）は一三日、創業四〇周年記念イベント「よろこび」を同社を一般に開放して開き、五〇〇人がライブやバザー、ビンゴ大会、餅まきなどを楽しみ〝平成の歓喜奇兵隊〟と呼んでいる同社の成長を祝った。

同社は一九七三（昭和四八）年に八木水産として創業。ノースイと同社の合弁会社、八木ノースイを経て現在は（株）カン喜と特定非営利活動法人よろこびの里の二法人を運営し、一四七人が働いている。このうち七七人が障害者で、障害者の雇用率は五二・三％。厚労省の障害者雇用優良企業の認定も受けている。平成の歓喜奇兵隊の名前は今後も障害者を雇用し続ける決意を込めている。

この日は同社で作っているカキフライ、かきグラタンや、農業分野への進出に取り組む同社で育てたサトイモ、玉ネギ、ラッキョウ漬けや梅干しも並べ、新南陽マリンレディースが作ったえび天入りのうどんがふるまわれた。

舞台では同グループで働いている重田光俊さんと音楽仲間の藤村英博さんの演奏やビンゴ大会やテレビなどが当たる大抽選会、ラジオ公開録音もあって盛り上がった。

## 二七年目　障害者雇用を先導

（「生産性新聞」二〇一三年一一月二五日掲載）

冷凍調理食品の製造・販売を行うカン喜は、一九七三（昭和四八）年に創業、二〇〇三（平成一五）年には現社名に変更した。一九八七（昭和六二）年に始めた障害者雇用は今年で二七年目を迎える。先月には創業四〇周年の記念イベントを行い、従業員とその家族、地域の住民などが多数参加、その模様は地元の山口放送で放送された。

二〇〇八年に設立した特定非営利活動法人「よろこびの里」（周南障害者・高齢者支援センター就労継続支援施設）での雇用を含めると、約七〇人強の知的障害等の障害者を雇用し、「従業員全体に占める障害者の割合は五割を超え、少なくても山口県内では雇用率はトップ」（上坂陽太郎・代表取締役）だ。社名の「カン喜」には「歓喜」の意があり、「親と離れて独り立ちするよろこび。多くの障害の子供達を育てることの出来るよろこび。私達の手で商品をつくりだし、多くの人達に買っていただけるよろこび」が込められている。

同社の主要商品は、かきフライとグラタン。主に広島産かきを使用したかきフライや、殻を器にした「殻付かきグラタン」が特に好評だ。「ＯＥＭ供給中心のかきフライは国内市場の約六%、自社ブランド中心のかきグラタンはほぼ一〇〇%近いシェア」(上坂氏)だという。少量だが香港やシンガポールにも輸出を始めた。「食彩よろこび海国　楽天市場店」によるネット販売も手がけている。

もともと障害者雇用は、バブル期の人手不足の時代に創業者である現会長が始めたのがきっかけ。まじめでミスが少なく、クレームの発生率も非常に低いことから徐々に採用を増やしていった。

「障害者に一人前の職人になってもらうため、日々の作業を通じて訓練を重ねている。当初は、安全衛生面で大丈夫かといった偏見も持たれたが、特に品質や安全衛生に関しては、一般の食品企業と遜色ないどころか、むしろそれ以上のレベルだと思っている」(上坂氏)。そのこだわりは大手スーパーや生協などに高く評価され、食品安全マネジメントシステムの国際規格であるISO22000の認証もこのほど取得した。

同社は、障害者の雇用について、特に優れた取り組みと積極的な社会貢献を行う企業を認証する厚生労働省の「障害者雇用優良企業」として二〇一〇年(平成二二)三月に認証されたが、長年障害者雇用を行っている会社ならではの悩みもある。

障害者の勤続年数が長くなるにつれ、本人の家計管理や老後のライフプランなどが課題になっている。「本来、企業が行うべきことではないかもしれないが、従業員の人生設計にも踏み込まざるをえない。それが我々に課せられた使命だと思っている」との考えから、障害を持つ従業員が生活できるグループホームの建設・運営を視野に入れている。昨年からは、高齢者や障害者が生涯を通じてやりがいを持って働いてもらうよう、就業規則から定年退職規程を撤廃し、定年制を廃止した。

特定非営利活動法人「よろこびの里」では、カン喜の隣接地に事業所を設立し、冷凍食品の就労請負製造やかき殻の就労請負洗浄などを行っているほか、賃借した農場でさといもやたまねぎなどを栽培し、食品の材料としている。知識・能力が高まった後は、カン喜等への一般就労を支援している。

これから障害者雇用に取り組む企業に対して、上坂氏は、「障害者を雇用すると、指導員などの担当者のストレスが発生する。作業を根気よく教えなければならないし、急に休んでしまったときは安定供給や納期遵守のしわ寄せがくる。担当者のメンタルケアに留意することが重要だ」と強調した。

## 藤井律子議員（山口県議会）のホームページより　（二〇一三年一〇月一八日）

### 株式会社カン喜が創業四〇年をお迎えになられました

周南市戸田の冷凍製造業、株式会社カン喜が創業四〇年を迎えられ、会社の前庭で記念祭「よろこび」を開催されました。

私は、一〇年前から会長さん（前社長さん）といろいろなご縁をいただいております関係上、ご案内を頂きご挨拶させて頂きました。

「カン喜」は四〇年前に、八木水産として創業。以来、幾多の困難を乗り越えて来られ、現在では、年商約八億円まで成長された大変元気のよい会社です。カキフライやホタテグラタン、カニグラタンなど、個性豊かなオリジナル商品を作っておられます。

その生産量も年々伸ばしてきておられ、例えばカキグラタンは、年間で四百万個も作られておりますし、カキフライは国内のシェア率一〇％にも及ぶそうです。国内ではレストランやスーパーへの販売、またネット販売でも大きく売り上げを伸ばしておられますし。香港やシンガポールなどの高級スーパーへも輸出されております。

私は、これまで個人的に何度も工場見学をさせて頂きました。また、厚生委員会副委員長の時には県議会の委員会視察もさせて頂き、社長さんからいろいろなお話を伺ってきました。

その中で特徴的なことをご紹介します。

①全国の牡蠣業者の中には牡蠣殻を捨てるところがなく困っている会社がたくさんあります。カン喜では、その牡蠣殻を貰い受け、きれいに洗い、グラタンのお皿として再利用しておられます。一石二鳥の大変すばらしいアイディアです。

②カン喜では二〇数年前から、障害のある人を従業員として雇用しておられます。今ではその人数もどんどん増え、カン喜と「就労継続支援施設よろこびの里」のグループ全体の従業員一四一人の内、障害者は七四人を占め、雇用率は五〇％を超えます。障害者雇用促進法に基づく法定雇用率は二％以上ですので、これほど障害者の割合が多い会社は全国どこを探しても他にはないと思います。

工場では、各人が、それぞれの能力に応じた仕事を任されており、その作業能力には目を見張るものがあります。日々の指導と個人の訓練の賜だと思いますし、また、同時に一緒に働いておられる従業員の方々の温かいご理解のもとに、雇用が可能となっているのだと思います。

③グラタンの材料である玉ネギ七万個を農業部門で作っておられます。まさに、企業と福祉の結びつきが「大きな力」となり、「地域の活力」となっています。さらに、会長さんはよく「人は育てようによってどこまでも育つよ」と言われますが、物作りを通して人を育てることに、全力で頑張っておられる姿に頭が下がります。

式典の後、ステージで、カキグラタン製造ラインで働いておられる重田さんがマリンバの演奏を披露されました。とても素晴らしい演奏と、きちっとスーツを着こなして、笑顔を皆さんにふりまかれる余裕ある姿に驚きました。

これからも、上坂陽太郎社長を中心に、五〇周年、一〇〇周年に向かって頑張っていただきたいと思います。カン喜の更なるご発展をお祈りいたします。

## 保護者からの手紙

拝啓

突然のお手紙、お許しくださいませ。

子どもが、早いもので就職を致し六年の歳月が経ちます。

当初、大丈夫なのか心配で、ご迷惑をお掛け致したこともありましたが、お陰をもちまして上司の皆様方のお力で現在に至っておりまする。感謝の気持ちで一杯で御座います。有難う御座います。上坂社長様のお気持ちは大変感銘を致して居るところです。

ＮＰＯ法人設立、大変なご努力であったかと思われます。知的障害者に救いの手を差し伸べ、懸命に努力されておられる御姿を拝見すると私ども、頭が下がる思いです。

子どもも会社に貢献をする事が使命と思い、毎日の研鑽をしておりまする。子どもに、叱られます。「すいませんでは警察は要らないのよ。わかる?」と子ども。

「わかりました。お嬢様申し訳ありません。御免なさいませ」と私。

毎日が勉強です。

子どもが、小雑誌「佼成」を頂いて帰ります。毎回拝見しておりますが、勉強になります。

将来のある子どもで御座います。どうか温かい目で見て頂き、末永く会社に貢献できる事を願い、お礼の言葉と致します。

父親も、昨年の一一月四日に亡くなりました。突然死でした。現在、母親も八二歳になり、何とか元気に家族と共に生活を致して居ります。私も第二の人生で再就職を致しました。頑張って居る所で御座います。

カン喜の発展と従業員の方々のご健在とご発展を祈願し失礼を致します。

敬具

Ｈ・Ｈより

＊＊＊＊

昭和四六年六月二六日に産声をあげたわが次男、健康的でかわいらしくて貴公子のようでした。しかしながら二歳を過ぎたころから、行動に問題があることが判明し、山口医大に検査に行きましたが、名医といわれる先生から「完治はできません。このままでしょう」と言われ、夫婦して涙ながらに帰宅したことが走馬灯のように思いおこされます。それでも、この子は絶対に治してみせるとの強い一念で育てて参りました。養護学校で学び、養護施設で暮らす日々を見守りながら二〇歳を迎えることができました。そして、同施設の仲間が就職したことをきっかけに本人が「就職したい」と言い出しました。家内は反対でしたが、やれることをやらせようと、職業安定所を通して職業センターにて訓練させ、現在就職しております株式会社カン喜に、面接をしていただくことになりました。結果がどうなってもやむを得ないとの心つもりはしておりましたが、やはり不安でした。

ところが、息子が満面の笑みを浮かべて帰ってきて、母親に「社長がいいと言ったよ」と本当にうれしそうに告げたとのこと、後から聞いて私もうれしくてたまりませんでした。毎日楽しそうに通う息子、今日は休めよと声をかけても、絶対行くという息子。本当に会社が楽しくてたまらないようすがビンビンと伝わってきます。職場における仕事は、牡蠣フライの流れ作業でした。本当にできるかなと思い見学させていただきましたが、そこにはたくさんの障害の方がその人にできる箇所で分業して製造作業に取り組んでおられました。あれから、現在まで二〇年、現在では、みんなが各部署のエキスパートに成長しております。これも社長の発想のおかげだと思います。休むことなく会社に通っていく息子をみていて本当によかったと心から感謝しております。

当初は、八木ノースイという会社でしたが、株式会社カン喜と名称を変更され、さらに障害者の就労先として、就労継続支援施設「よろこびの里」をたちあげ、四〇名近くの障害者（知的・精神・身体）の雇用の場を設立され、雇用率も五〇％を超えるほど成長してきております。
社長（現会長）のたゆまない努力と発想の素晴らしさに、ただ感嘆するのみです。現在も就労の場が増え続けております。地域で遊んでいる農場をお借りして、自社製品の原料の玉葱の生産、またその他の野菜を利用しての加工品製造など、次から次へとたゆまなく前進していることに感激するとともにこれから更なる発展を祈っております。とりとめのない文章ですが、親としての心を記述させていただきました。

青木年治
青木孝明

# 第三部　正育者雇用の思想

# はじめに

私はこの本の執筆に思い至ったとき、どこから書き始めるべきか判断に迷った。正育者の雇用と問題について考えれば考えるほど、歴史を遠くさかのぼることになったからである。

第一部で述べたように、私の正育者雇用に対する考えをさかのぼると、棚橋先生、長兄、父母、高杉晋作、細呂木の地、蓮如、親鸞、法然、そして釈迦にたどり着く。み仏の教えを学んだのは立正佼成会だった。一九八三（昭和五八）年に入会し社員教育のなかにも取り入れている。東京水産大学で学んだことも、現在のカン喜グループのありように深くかかわっている。

この部ではそういった思いや思想を具体的に提示し、正育者の雇用と教育について述べてみたいと思う。

## 親心（仏様の心）（二〇一四年執筆）

我が社のF君は、工場内でうまくいかない時（仕事が変わったり、周囲の指導が口うるさいとき）黙って会社を逃げ出して家に帰らない。

自分の好きな所へ行ってしまう。放送局へ生放送を聞きに行ったり、アジアオリンピックの広島へ、生まれ故郷の門司へ、もちろん家の両親には連絡せずに。野宿をしたり、お金がなくなると教会へ行ったり、最後には警察へ行くことも知っている。

親の方は大変だ。あちこち知人に電話したり、私の所へ電話したり、警察へ行方不明の願いを出したり両親の心配は大変なものだ。本人にはそのたびに家に電話連絡するように言っているのだが、自分の行動を知られたくないのか電話のかけ方を知らないのか同じことを繰り返している。

両親の方はまたやったなと思いながらも、夜は夜で寒い夜をどこで過ごしているか、お金も持っていないのに何を食べているのか、夜もおちおち眠れずに悩んでいるのに本人にはどこ吹く風……。親の心、子知らずだ。

郷土の生んだ大先輩、吉田松陰先生の句に、「親思ふ心にまさる親心今日のおとづれなんと聞くらん」とあります。はじめはこのことをよく理解できなかった。近頃は自分なりにこうなんだろうなと思うようになった。親に感謝したり親孝行しようと思う子の心以上に親は子のことを心配しているのだよ、手塩にかけて大きく育てた子が時の政府に反逆して首打たれるという知らせをどう聞くだろうか？　それ以上に私のことを心配してくれている親に申し訳ない。しかしやむにやまれぬ事情があって申し訳ないと親に許しを請うている。そんな風に思えます。

数多くの正育者の両親と付き合っていますが、その子たちの両親もまた、今、自分たちが元気でいるときは安心だが自分たちがいなくなったとき、この子らはどうするだろうかと思うと死んでも死に切れないように思います。

私は責任の重さを感じます。知的の正育者とのふれあいの中で、私たち健常者と知的の正育者との関係は仏様と私たちとのかかわり方によく似ているといつも思います。

仏様の心（親心）、こんなに大きな心がこの世の中に存在していることに気がつきません。勝手なことを言い、不平不満、愚痴を言っています。仏様の存在に気がついている人でも、その親心の偉大さに気がつきません。仏様が心配して、私たちのことを毎日思ってくださっているということに気がつきません。ちょうど我が社のＦ君のように。そのＦ君も旅より帰ってくると生き生きとして仕事に取り組んでいます。やっと三年目になりますが、朝来て一番最初にやる仕事を覚えてくれました。予備室より打粉を持ち出す仕事です。「親が心配しているよ、持っている電話のカードの使い方を勉強しなさいよ」と声をかけると、やっとその気になっている今日この頃です。

神戸の大震災で、あれだけ多くの募金が集まり、あれだけ多くのボランティアが出動している。なんだろうか、これも仏様の親心の表れだと思います。仏様が私たちの行動をかりて、神戸の子どもたちにさせているのだと思います。そう思うともっともっとつくさねばと思いますが、なかなかそれができません。知っていても行動につながりません。私たちもまた、知的の正育者のことを、なぜこんなことができないのかと叱ることはできません。時間をかけて実践しながら勉強してもらう他はないのです。時間と辛抱と思いやりの心（慈悲の心）が必要です。私たちもまた自己中心の思いを離れる実践を通してしか親心を知ることはできないのです。

# 仏（法・自然）とともに生かされている私　（一九九一年三月執筆）

## （一）法を求めて

人間である以上幸福を願わない人はいません。私自身この世に生を受け、悩み苦しみながら幸せの道を求めてきました。ボーイスカウト運動で、人生の幸福は、

① 健康であること（心の健康）

② 他人に幸せをもたらす、他の人々のためにつくす

③ 他人に迷惑をかけないこと

ということを学び、またスカウトたちに教えてきました。この教えはボーイスカウトの創始者イギリスのベーデン・パウエルがインドで軍人生活を送ったときに学びとったもので、その源流はインド哲学であり、また、さかのぼればお釈迦様にまで到達するのではなかろうかと推察します。

私の先祖の信仰した浄土真宗では、蓮如上人、親鸞上人、法然上人（浄土宗）にたどりつき、その先でまたお釈迦様にたどり着きます。

今、立正佼成会の活動のなかで恩師庭野会長の教えを通して、正育者雇用はお釈迦様へと結び付いていきます。私の心の支えはお釈迦様にたどり着きます。これが私の求めてきた道なのです。この道に乗れば私のしあわせは約束されているのです。私は、二〇一二(平成二四)年にはインドの釈尊の仏跡を旅しました。

## (二) 法華経という地図

先輩の作ってくれた素晴らしい地図があります。幸福の山へ登ろうとしている人がいます。地図を持たない人より地図を持っている人のほうが回り道をせず、また道にも迷わず要領よく幸福の頂上をきわめることができます。瀬戸内海を航行している船乗りがいます。狭い海峡は地図を持たないと危険で航海できず、どこで座礁するかも分かりません。仏教の教典は幸せの地に到達するための地図であり海図なのです。二〇〇〇年も前に書かれた古典であり、素晴らしい文学書なのです。地図には常に北極星を指すコンパスがあり、海図には羅針盤が欠かせないものです。

人間の生き方にも常に不変の真理があります、真理なればこそ二〇〇〇年も生き続けてきたのです。

地図を持たない人々はしあわせを求めて右往左往し時間がかかるばかりです。仏典に「疾く仏道を成ぜん」とあります。遠回りをせず迷わずに最短距離を行く方法があるということです。それには二〇〇〇年も生き続けた法華経という地図を活用するのが一番の方法なのです。

### （三）地図は使ってこそ地図である

優れたお経は大切なものだからといって桐の箱に入れ仏壇の奥深くにしまっていては、使わない地図と同じで何の役にも立ちません。貴重品だといって大事にしまってある絹のハンカチはもうハンカチの役は果たしません。

仏法は汗をぬぐうタオルでありたい。いつも肌身離さず身に着け、汗という苦しみ悩みが出たときいつでも汗をぬぐえるタオルでありたい、ぼろぼろになるまで使い切りたいものです。

### （四）男（壮年）の役割は職場にある

職場こそ法を生かす実践の場であります。定年退職して余暇を仏法に使うものではありません。

企業にこそ仏法が生かされています。若いうちにこそ一家の大黒柱として企業の中堅幹部としてこの法を使い切りたいものです。企業活動こそ菩薩行なのです。

人々の繁栄のために企業は日々活動しているのです。今こそ男（壮年）の仏教活動が要求されているのに佼成会に出てくるのは女性が多い。企業人としての男性の活動が望まれています。企業は他人の幸せのために物を作り出しています。企業は布施業であり菩薩業である。なれば男子が職場で仕事に一心になるのは即菩薩業であります。

## （五）形にとらわれず、心より入ろう

現代の社会は自由競争の社会であり強いものが生き残り、弱肉強食の競争のなかで社会に繁栄を与えている社会である。裏を返せば弱いものが強いものを支えている社会でもある。

他人のためにつくす。良いこととは分かっていても一般人はやはり自分のためが九〇％なのである。そのなかで特異な集団をつくり、特異な形をつくっていく。人はそれに恐れをなすので、恐れる人には時間をかけて法の精神をよく理解してもらおうと思います。

## （六）出入り自由の心

多くの人々を教化していくためには教えの魅力にとりつかれていく心の変化を大事にし、他人もまた同じ抵抗を感じているので、恐れをなしている人の気持ちを忘れてはなりません。入って勉強をはじめて、佼成会活動をしている自分を見つめ、「私には関係ない」と言っている人たちと同じ心にならなければ、そんな人たちを法の世界につれてこられません。煩悩の世界に住む私。煩悩の世界を楽しみたい。貪欲、また結構！　その私が正直顔はできません。

## （七）佼成会教会活動を踏み台に

「是の経は本、諸仏の室宅の中より来たり、去って一切衆生の、発菩提心に至り、諸々の菩薩所行の所に住す」。この教えはどこから来て、どこへ行き、どこにとどまるのでしょうか。

諸仏の心の奥から溢れ出て、一切の人々の心に最高無上の悟りを求める心を起こさせ、人々の菩薩業を行う実践のなかにこそ存在します。

教会へ行くことにより仏の心を知り、仏の勉強をする。人間として少しでも立派になろうという気持ちを起こし、職場で、家庭で、地域で一生懸命活動することによって法の心は完成されます。

以上のような意味で男子（壮年）の力が今必要とされているのです。

月に一回勉強しましょう、人間として最高の楽しみを得るために、月に一回、お互いに心を打ち明けて話し合ってみましょう、困っている人に救いの手をさしのべましょう。

## この三界は我が有なり　（一九九五年一月執筆）

### （一）社長は旗ふり役

この八木ノースイは我が有なり
従業員一人一人は我が子なり

企業は菩薩業といっても誰も理解してくれない。一人一人は己が利益のために、一時間六〇〇円、一日はいくらとお金を得るために集まった人たち、知的の正育者を雇おうといっても従業員一人一人は自分が働くのに精一杯。足手まといのスローな子どもの面倒まで誰もみてくれない。旗ふる社長と集まってくる従業員の一人一人とは始めから同じ意思でつながっているわけではないのです。頭が考えるのと、手足の動きとは完全にくいちがっている。頭の考え、旗ふりと従業員の動作を完全に一致させる必要が出てくる。どうすればよいのか。

ラグビーの言葉に〝One for all, all for one〟という言葉がある。「一人はみんなのために、みんなは一人のために」。企業運営もこうすれば勝てるということだ。会社も、社長は従業員のことを思い、一人一人の従業員は社長（会社全体）のことを考えるということだ。

## （二）会社方針

企業は菩薩業なり、他人の利益のために。

企業は慈悲業なり、弱い正育者を育てよう。

この方針を一人一人の従業員に知ってもらうために、何をすればよいか。法華経の中に「この三界は我が有なり、その中の衆生は皆我が子なり、もろもろの患難多し、我一人のみよく救護をなす」とある。

これを会社経営にあてはめると、この八木ノースイは、私（代表者）自身なのだ。工場も、建物も、機械も、従業員一人一人も、会社がつくる生産物も私そのものなのだ。その一つ一つに存在の意義があり、私の思いがこもっているのだ。従業員一人一人もまた私（八木ノースイ）なのだ。

一人一人の従業員は私自身であり私なのだ。だとすれば、二つの方針を打ち出す前に私は従業員一人一人の考え、一人一人は何を考えているのかを知り、その人の気持ちになる必要がある。その人たちの心に立ち入ることも必要になってくる。

一人一人は最初（入社時）は、とにかく一日を働いて賃金をもらえればよい、自得にのみとらわれている、社長の考えている他人の利益のためにとは正反対なのである。親の心子知らず。社長が何を考えていようが一日を働いてお金をもらえればそれでよいのだ。仏様の世界を比べると、仏様はこの三界は我が有なりといっているが、そこに住んでいる衆生は必ずしも仏の心を理解していない。この地球上では毎日殺しあっている人々があり国々がある。

私たち一人一人は仏様の心を思い、仲良くする実行をしなければ仏様の思うような世界は実現しない、会社も同じである。

社長は一人一人の従業員の繁栄を考えてやり、社長の考えるように実行してくれれば従業員一人一人の繁栄は間違いないんだということを実証してみせれば皆はついてくる。これが大変である。理解してもらう、行動してもらう、結果が証明してくれる、あの人のいう通りやれば自分たちの待遇はよくなり、労働条件も改善され、給料も上がるということを実証すること。長い年月も必要となってくる。「言うは易く、行うは難し」。

法華経の書かれているように仏様のいわれるように実践すれば我々の繁栄は約束されているのに、目先の利欲にとらわれているからなかなか実現しないのである。企業もまた法華経に説かれているように行動すれば必ずよくなる。正育者の雇用を通じて、明るい社会づくり活動の清掃奉仕、募金活動を通じて、立正佼成会活動での勉強を通じて社長はひたすら菩薩業を実践していく。

## み仏さまと私　―立正佼成会での説法―　（一九九七年五月講演）

壮年幹部団参の意義ある日に、修業の足りない私に説法の大役をいただき誠に有難うございます。

一九八一（昭和五六）年、大阪の冷凍食品加工会社から、採算がとれず赤字続きの八木ノースイ（現・カン喜）の立て直しのために自ら志願してやって来ました。先輩役員から「火中の栗を拾いに行くのか」と言われました。かなり長期化するだろうと思い、妻と子どもたち三人を同伴し、新南陽市に住まうことにしました。南の海には特殊潜航艇「回天」基地跡のある大津島などの島々、背後の山にはNHK大河ドラマ「毛利元就」に出てくる陶晴賢《すえはるかた》の居城、若山城の城跡のある風光明媚な所です。

経営にあたっては、従来の製品生産と同時に、その工場独自の商品の開発を試みました。この製品を売りたいために、当時すでに徳山教会の会員であった私の妹に頼んで同郷の松原主任さんを紹介してもらい、会員の皆さんに買ってもらうよう手配をしていただきました。そしてこの時、私は商品を買ってもらいたいために一応入会しお祀りこみをしてもらいました。

教会へ品物をもって売りに行くと、松原さんは「よく来た、よく来た」と私が教会に来たことを喜んでくれました。私はただ冷凍食品を皆さんに買ってもらいたかっただけなのです。こんな方便で立正佼成会と御縁を結ばせていただいたのです。

その後、壮年部の練成会や御命日などにだんだんと出るようになりました。

会社の方はうまくいっているようにみえましたがコスト高になり、親会社から撤退の意向を告げられ、本社に戻るように言われました。しかしこのまま帰ったのでは身の置き所もないため、私は決心をし、会社を退職して新たな形で会社を存続することをお願いしました。

この提案を受け入れていただき新しい体制で再発足しました。しかしその時は極度に人手が減らされており、生産能力も低下し、したがって利益も出ません。そこで苦肉の策として株式投資によってその利益で会社を維持しようと思い立ちました。

当時はバブル経済のまっ盛りで、しばらくは順調にいきました。株式投資も会社で四億円、個人で四億円と動かし、累積赤字の八〇〇〇万円も一挙に解消しました。個人では商品取引にも手を出しました。家も二軒買いました。会社では土地も三九〇坪買いました。夢はふくらみます。そのころより知的、精神の正育者雇用も始めていましたので農園でも買おうと本気で考えていました。

ところが平成二年、バブルははじけ全てが泡のように消え、一億三〇〇〇万円の借金だけが残りました。毎朝四時頃になると汗びっしょりになって目がさめます。苦しい毎日でした。地獄のような日々でした。京都に残してある家も、こちらで買った家も売らねばならない。無一文になったあげく、社長の座も追われても当然の状態に陥っていました。本社に助けを求めると、持ち物すべて売って損失を埋め合わせよと迫られます。暗いゆううつな日々が続きました。

そんなとき、み仏さまからの救いの手が差し伸べられました。その頃、教会には一年以上も御無沙汰しており、支部長さんが誰かも知らなかったのです。

ある日突然初対面の西山支部長さんが訪ねてこられました。私はそのときの窮状をありのままに話しました。支部長さんは早速、計らいをつけてくださり、秋山教会長さんより御指導をいただくことができました。教会長さんは私の苦しい胸のうちをじっと聞いておられて、最後に一言「お慈悲がありますよ」と言われました。

それから支部の皆さんの私への手どりがはじまりました。最初のうちはどうやって言い逃れをして断ろうかと思っていましたが、そのうちだんだんとみ仏さまからの声がかかっているのだと思えるようになりました。朝夕のご供養も少しずつできるようになり、教学の勉強にも出席するようになりました。

そのうち私は、今のこの苦境を救ってくれる教えはないものかと三部経を何回となく読みました。「無量義経十功徳品第三」の中の「煩悩ありといえども煩悩なきが如く生死に出入すれども怖畏の想いなけん」という一節が心にとまり勇気づけられました。もともと自分の持ち物、この身もみ仏さまからの預りもの、株も土地も家も会社もなくなってもこの身がある。お金がなくなっても空気も水も光も利用できるものはまだまだある。開祖さま、会長先生の説かれるご法がある、という気持ちにだんだんとなってきました。そしてものごとに動じない心が湧いてくると同時に、日頃はなんとも思っていなかったものにも感謝がもてるようになりました。

一九九一（平成三）年には七面山に登るお手配もいただきました。

それから一年くらいたった一九九二（平成四）年に、思いがけず親会社から支援がいただけるというありがたいお手配がいただけたのです。私が会社名義で買った三〇〇〇万円の土地を、親会社に七〇〇〇万円で買いあげていただき、その上四〇〇〇万円の貸付金もいただくことができ絶望的状況から脱することができました。

開祖さま誠に有難うございました。

会長先生誠に有難うございました。

一九八七（昭和六二）年より減少した従業員の増員のために、徳山職業安定所の西本さんの紹介で知的障害者（正育者）の雇用に踏み切りました。

私は中学生時代からボーイスカウトの隊員として活躍し、また大人になってもリーダーとしてこちらに赴任する直前まで京都でリーダーのお役をつとめさせていただいておりました。その関係で青少年の育成には特別な関心を持っており、それには子どもたちを神仏の世界に導いていくことが大切だという信念をもっていました。そして立正佼成会にご縁をいただいてからは、なお一層この念を深くしておりました。「一日一善」「一生涯一報恩」の精神に立って少しでもこの知的の正育者の若者のお役に立てればとの思いで取り組んだのです。

最初の雇用は一九八七（昭和六二）年で、二名雇いましたが完全に失敗でした。一名は脳性麻痺の子で体力的に無理があり、もう一名は聾唖《ろうあ》者で周囲の無理解のため辞めていきました。その後も採用と退職を繰り返しながらそれでも徐々に増えていきました。

当初は健常者の従業員はもとよりのこと、社長である私自身もとまどいと試行錯誤の繰り返しでした。従業員たちは「私の給料とあの子たちの給料がなぜ同じなのか」と疑問をぶつけます。とても理解をしてくれる状況ではありませんでした。当然のことながら周囲の健常者の従業員教育が必要だったのですが、これをやらずにとりくみましたので大変でした。

お客様から「袋詰めされた製品の中からボールペンが出てきた」という指摘を受けたときのことです。今度は親会社から批判の声があがりました。「こんな子たちに仕事をさせても大丈夫か」「そんな工場には原料は渡せない。仕事はやれない」。会社の中も社長を支援するグループと反対するグループに分かれました。正育者雇用が二〇名になったころでした。さらにその頃はバブルもはじけ社長としての力が極度に弱まっておりました。それでも何とかして親会社の支援ももらわなければならないときなのでこの時ばかりは一時、正育者の新しい採用をとめて、役員や従業員の声と親会社の忠告に素直に耳を傾けました。そして私はそれらの声を、「一人よがりで自分では良いことをしているつもりでも、世間には通用しないこともあるのだ」という天の戒めと受け取りました。この反省をもとに人任せにせず、現場に入って自らが指導にあたりました。指導には中堅幹部職員の指導と正育者への直接の指導と二通りあったのです。

そうしているうちに社長反対派の幹部が全員辞めました。私は今度こそはと思い、残った幹部や健常従業員たちの再教育に取り組みました。お昼休みに、支部長さんから根本仏教のスライドをかりて、グループに分けて勉強会をしました。また障害の子たちの意欲を出すためにボーイスカウトの制度をまねて進級制度を設けました。白い帽子に黄色い線、ブルーの線、赤の線、黒の線、グリーンの線などに分けて進級させました。進級時には本人に辞令と次の階級の線の入った帽子を渡し、その子を育てたグループには金一封を渡し、その労苦をねぎらいます。またハンドブックをつくって「あいさつ」から「技能」までの勉強もさせました。会社にとって一番重大な異物除去の記録表もその子たちにつくらせました。そして工場内の製品管理については新しく工程管理表、温度管理表、原料管理表をつくり加工指図書の確認をし、他のどこの工場にも負けない万善の品質管理の工場を目指しました。

一方、外からの救いの手もありました。一九九一年、日本障害者雇用促進協会（現在の高齢・障害・求職者雇用支援機構）発行の雑誌「働く広場」に取り上げていただいたのです（第二部参照）。一九九二（平成四）年一二月には、その雑誌をNHKが読み、教育番組で先ほどの一風変わった進級制度を放映紹介していただきました。また一九九五（平成七）年六月二三日の佼成新聞で『一生涯一報恩――この道まっすぐ』のタイトルで正育者雇用のことをとりあげていただきました（第二部参照）。

一九九五（平成七）年一月に、支部長さんより主任のお役をご指名いただきました。同じ年に若い従業員たちにお祀りこみのお手配もいただきました。この頃から主任というお役のお陰で、会社に来れなくなった子たちの悩みに対し家まで行ってその子の両親と話し合い、相談を受けるようになりました。それまでは一人で出社できなければ、それで終わりだったのです。私が教会で勉強したことがそのまま子たちとの接触や能力開発に役立ちました。健常者の人たちの力を借りなければ子たちの雇用と育成は難しいと思い、会社で「佼成」と「躍進」のご法話の勉強会を始めました。そして支部長さんにお願いして何人かの人たちに対して教師補の勉強も社内でしてもらうようにしました。人を思う心、人様の役に立ちたいと思う心を養わなわなければこの正育者雇用は難しいと思い至ったからです。

教会へ一人でも二人でも連れていこうと思い立ち、今は毎月二〇名近くの人に教会へ来てもらうようになりました。「佼成」誌も一〇〇冊ほど配っています。また団参にも一〇名が行ってくれました。また明社活動の駅周辺の清掃奉仕や募金活動にもほとんどの子が参加してくれるようになりました。

今では子どもたちの仕事ぶりも以前に比べ格段に向上し、何らの不安もありません。現在この子たちの中から三人の係長、五人の主任、七人の主任補と二人の名人が育ちました。名人とは一つの技術にすぐれた者に帽子に桜の花を型どった記章をつけてやるのです。気がついたらいつの間にか従業員一二〇名のうち正育者は五〇名となっていました。

この頃では親会社の考えもがらりと変わり、認めてもらえるようになりました。そして親会社関連の協力工場でも正育者の雇用を考え始めました。これも子どもたちの頑張りと周囲、従業員の理解のおかげさまと感謝しております。

そして何よりも開祖さま、会長先生のみ教えのおかげさまと心より感謝申し上げております。誠に有難うございました。

私の心の中にはこの子たちが「障害者」だという意識や認識はありません。みんなすばらしい能力をもち、それを一生懸命、花開かせ、喜んで仕事をしている姿をみると健常者と全く変わらない、いやそれ以上にすら見えるのです。むしろ私たちの方が仏さまの目からみれば、心の障害者（正育者）ではないかと思えてくるのです。ですからそんな私がこの子たちの欠点を直すことはできません。できることは、ただただ良い所、すばらしい点をみつけ、ほめてやり、伸ばしてやることにつきるのです。

この一〇年間、正育者雇用を通してこのことを仏さまから教えていただきました。

会社の中にはまだまだ難問題があります。この問題を一つ一つ解決していきながら、さらに一歩前進したいと願っております。会社の屋上の看板には〝未来をひらく福祉企業〟

と掲げました。与えられる福祉ではなく積極的に与えていく福祉をPRしようと思っております。開祖さま、会長先生の願われる仏の教えによる福祉社会の建設のために全力をつくすことをお誓い申し上げ、お説法のお役にかえさせていただきます。

み仏さま、開祖さま、誠に有難うございました。会長先生誠に有難うございました。みなさま御清聴誠に有難うございました。

合掌

## 根本仏教　―三法印について―　（二〇〇九年執筆）

法はもともと生活の中にありました。大地の中にありました。釈尊はインドの大地を歩いて、座って、私たちのためにまとめて法として見せてくださいました。法はいつのまにか書物になり、お経になり、学問になりました。法は生活の中で使われねばなりません。生活の中に戻していかなければなりません。いつでもどこでも誰にでも使える道具として生活の中に、大地に戻さねばなりません。お釈迦様の根本教義に「三法印」という教えがあります。この教えが生活のなかで生きるように、以下に解説します。

（一）**諸行無常**

世の中のすべての現象は常に変化して、固定しているものはありません。心もまた常に変わります。そのなかで人は喜び、泣き、悲しみ、苦しむ。これを諸行無常といいます。時間がなければ変化することはありません。時間を守ることは大事なことなのです。

（二）**諸法無我**

世の中のあらゆる物事はすべてつながっています。宇宙の果てまで孤立して独りで生きていくことはできません。目に見えない糸でつながっています。引力で引かれ合っているのです。私たちの命は宇宙につながっています。みんな一つの命を生きているのです。会社も社長一人では何もできません。一〇〇人の人がそれぞれ仕事を分け合って、かきフライを作って、販売しています。これが諸法無我です。

（三）**涅槃寂静**

この真理を知れば世の中何も恐れることはありません。

悪いことも努力すれば良くなります。困ったことも願い、求めれば誰かが助けてくれます。それが分かれば何も恐れることはありません。心はいつも安定しています。これを涅槃寂静といいます。

これら三つの真理を知らないと苦の世界です。そして自己中心の心（貪《とん》）、無明（瞋《じん》）、無知（痴《ち》）を取り除く必要があります。これについて知り、取り除いた状態に到達するためには、「四諦の法門」を学ぶ必要があります。四諦とは、滅諦、苦諦、道諦、集諦の四つ。滅諦とは、精神的、肉体的、経済的その他の苦悩を消滅した安穏の境地であり、苦諦とは精神的、肉体的、経済的、その他の苦悩の実態を直視し見極めることです。道諦とは、苦悩を滅するための修行法、菩薩道、自行の八正道他の六波羅蜜の実践であり、集諦とは、諸法実相・十如是並びに十二因縁の法門にもとづいて苦悩の原因を反省し探究しそれをはっきりと悟ることです。

## 仏法と会社経営（執筆年不詳）

仏法に出会う前は、利益を中心に経営を押し進めてきました。輸出で利益が出ていたのでより大きな投資をし、従業員一二〇人の工場をつくったが計画性なく四年で倒産状態になり、株による利益を得ようとしてさらなる損失を作り出しました。従業員は不足し、賃金が払えない、資金が足りない、売り上げが伸びないのナイナイづくし。そして私は仏法に出会って多くのことを学び会社経営に生かしてきました。第一は人を大切にしたこと。正育者雇用を積極的に進め、それは安定した収益構造にもつながりました。第二はものを大事にしたこと。具体的には、かき殻を有効利用したことや、農地を再開発したことです。畑で採れた玉ネギがグラタンになっていくのを見ると喜びを感じます。第三は当社の存在が地域に喜ばれるような行動をとること。明るい社会づくり運動を通して従業員の教育をしてきました。以下は、そのときに子どもたちの保護者へ送った文章です。

---

**子どもたちの保護者へ**

御両親様

暑かったきびしい夏も過ぎ、おだやかな秋に入っております。田畑は収穫のとき、私たちの心、行動もまた種子をまき、収穫の時に入らねばなりません。

私たちはこの一年間、戸田駅を使って通勤の子たちに呼びかけ、毎月、月の終わりの土曜日の午前七時三〇分より会社までの道路・駐車場の掃除をしてまいりました。皆の心に世の中の役に立つことをするのは気持ちがさわやかになり、皆に喜んでもらえるということを学んでもらいました。私たち、明るい社会づくり運動では月一回、第三日曜の午前七時より地域の清掃活動に取り組んでいます。

次は皆に自分の住んでいる街、自分の通勤のバス、列車の乗車地の清掃を教えたいと思います。御両親様のお力を貸していただければ幸いです。私たちは毎日生活をし、生きている間に数多くのはかり知れない恵みをいただいています。たとえば空気、光、水、これらはお金に換算できないくらい価値あるものです。私たちはその御礼、御恩返しをしなければなりません。子どもたちに教えねばなりません。

毎月第三日曜日の午前七時~七時三〇分、子どもたちの乗車する場所、バス乗り場、その周辺、JR駅を掃除するよう呼びかけています。御両親も一緒にやっていただければ幸いです。

ミドリの帽子をかぶって参加してやってください。その内その周辺の仲間も一緒にやってくれるようになります。あるいはその地域に奉仕している仲間があればその人たちの仲間に入って一緒にやってください。人のためにつくす。世の中の役に立つということはさわやかで、心楽しいものだということを子どもたちに教えたいのです。
御両親様のお力をお貸し下さい。お願いします。
平成六年一〇月一一日
明るい社会づくり運動推進協議会会長　上坂道麿

## 若い世代に伝えたいこと　―須々万中学校立志式にて―　（一九九七年講演）

今日これからお話しすることは、まだまだ少数意見です。皆さんの賛同を得ることは難しいかもしれません。しかし当たり前のことをお話しさせてもらいます。

一四九二年、今より約五〇〇年前、コロンブスは西へ行きました。その頃地球が丸いことは一部の人しか分かっておらず、地図上の東の端に西回りで辿り着くという発想はありませんでした。彼は西へ行った方が東の端に近いと主張して航海し、西インド諸島を見つけたのです。

また、今から二五〇〇年前に、もっともっとやさしくて難しいことを説かれた人がいました。お釈迦様です。時を経て誰もが理解するようになるのですが、正しい考えが皆に理解されるようになるには時間がかかるものです。

今日、皆さんの立志式に招待いただきまして、しっかりした意見、決意をそれぞれ発表されるのを聞いて感銘を受けました。英語のスピーチにもびっくりしました。長い間英語の勉強をしたのに、全然分かりませんでした。私の英語勉強は何だったのか反省しています。使って習慣にしないと駄目なのだと分かりました。

私は五〇年前に中学生でした。五〇年前の先輩として私の話から参考になるものがあればありがたいことです。

私の生まれ育った所は福井県と石川県の境にあり、金津町細呂木という所です。ロシアの船から重油が流れ出して、漂着した三国も近くにあります。一九四八（昭和二三）年、中学一年生の時、私は福井大震災を経験しました。その被害は福井・坂井平野全域にわたり、倒壊・焼失した家屋数が約四万六〇〇〇戸、死者・行方不明者が三八〇〇人あまりにも達しました。掘っ立て小屋に半年も住んで、川の水を使いドラム缶でお風呂に入りました。大勢のボランティアの人が助けに来て、後片付けをしてくれました。このとき私はボーイスカウトに入っていました。ボーイスカウトには誓いと掟があります。ハイキングやキャンプをしたり、一日一善ということで荷車の後押し、お年寄りに席を譲るなど、いつも良いことをしようと心がけていました。ここで、約束や時間を守るということの大切さを学んだのです。

家が農家でしたので、家の手伝いをよくしました。学校から帰ると両親からのメモが置いてあって、どこそこの畑へ、田へ、山へ来なさいと書いてありました。

私には三人の兄がおり、一番上は学校の先生で、私の社会科の担任でした。この兄はボーイスカウトの隊長で、私にいろいろ教えてくれました。

二番目の兄は江田島の海軍兵学校で終戦になりました。三番目の兄は富山の商船学校にいました。私も海にあこがれ、東京の水産大学に入り漁業の勉強をしました。東京水産大学に入学した年、ビキニで水爆実験があり、第五福竜丸で久保山さんが被爆されたことが記憶に残っています。アルバイトをしたり、カッター（小型の船）やヨットに乗ったり、今から思えば勉強もしたのですが、もっと真剣にやっておけばよかったと残念に思います。

一九五八（昭和三三）年大阪の貿易水産加工会社に入社しました。不景気で五月になっても職がなかったのです。従業員は八人しかいませんでした。

マグロや食用蛙や煮むきえびを輸出していました。そのとき新南陽市福川に住む八木さんと煮むきえびの縁につながったのです。その時代、一ドルは三六〇円で、食べるのも食べずに輸出して外貨を稼ぎました。今、一ドル一二〇円ですから、その頃に比べれば我々の生活は三倍もよくなっているのです。現在は徳山の戸田で、広島のかきを使ってかきフライを作っています。

生家細呂木に、歩いて一時間ぐらいの所に吉崎御坊という所があります。四月二三日から五月の二日まで行忌《ぎょうき》といって、今から五〇〇年前に仏教の教えを広めた蓮如さんを偲《しの》ぶお祭りがあります。四方八方から大勢の善男善女が集まります。お寺で説法を聞く人もいれば、私たちみたいに物見見物、遊び、桜の下でお酒を飲みに行く人などいろいろです。サーカスが来たり、映画を見たり、お山の広場ではがまの油売りがいたりお店がたくさん出ていて、おでんをたくさん食べるために二〇円ぐらいのお小遣いをもっていったものです。

蓮如さんのことを少し話します。蓮如さんは浄土真宗の開祖、親鸞上人から八代目にあたり、今から約五〇〇年前室町時代の人で、一休さんとお友達だったらしいです。最初はたいした勢力ではなかったのですが、蓮如さんの教え方が上手だったのか勢力が強くなり、京都の他宗の恨みを買って地方へ出たのです。吉崎に一時期お寺を作ってそこで教えを説きました。今でもお葬式のときには蓮如さんの書かれた御文章を読み上げ、命の大切さ、今の大事、死後の大事を説いています。「一生過ぎやすし、今にいたってたれか百年の形体を保つべきや、朝には紅顔あって夕には白骨となれる身なり」。私のご先祖は五〇〇年ずっとこの教えで生きてきたのです。

身を粉にして骨を砕いて、この世のなかに生まれてきた、生んでいただいた恩に感謝し、恩返しをしなさいと言われ続けていたのです。

私の両親は四〇歳の頃、私が生まれた一九三五（昭和一〇）年頃から一〇年間、自宅を無料の託児所に開放して、近くの乳飲み子から今の幼稚園児ぐらいの年齢の子を集めて、農繁期で忙しい近村の人々から喜ばれました。

おやつも自前で出して、私たち六人兄弟をみながら大変だったらしいです。母はバリカンで園児の散髪もし、村のお年寄りの散髪も無料でしてまわったとのことです。村の記録によれば、私の祖父は村人の先頭に立って難儀な坂道を皆で掘割を作り、歩きやすいように道路工事をしたと書いてあります。その前の先祖も、その前の先祖もずっと、五〇〇年前から皆に喜ばれることをしてきたのでしょう。私もそれを見習って戸田でかきフライを作りながら、障害の人たちをできるだけ多く雇ってあげよう、障害があっても私たちと同じように、この人たちも私たちと同じように、戸田駅の掃除をしたり、募金に立ったり良いことをして、世の中のお役に立てる人になろうと頑張っています。

私は今年六二歳になります。六二年間自分のこの身体で勉強しました。

あなたたちは生まれて一三、一四年間あなたたちの身体で知識を学び実践したわけです。

しかし本当はそれだけではないのです。両親からこの身体をいただいてます。両親は、両親の両親から肉体をもらい、その経験、記憶を受け継いでいます。何代にもさかのぼって人類発生以来のものを我々はもらい受けています。二人の両親四人の祖父母、八人の曽祖父母、一六人のご先祖三二人と計算して三〇〇年間さかのぼると、数え切れないほどの人の記憶と経験、知識を皆もらっています。この中で一人が欠けても私たちはここにいない。この命の流れの中の今、命同士がお会いしているのです。この流れはまた子、孫、ひ孫へと続いていきます。自分だけの命ではない、命の流れのなかの今だと自覚していただければよろしいと思います。その意味でまず両親、ご先祖への感謝が必要です。何月何日が私の誕生日です、と言いますが、何月何日にお父さんとお母さんに生んでいただきましたと言わねばなりません。

皆さん学芸会をやりましたか。私も小学校一年生のとき、お医者さんごっこを先生からするように言われて、嫌で照れくさくて断ったら怒られて結局やりました。今でも相手役の娘さんを記憶しています。衣装を着て、セリフを覚えて演技します。私たちの生き方も演技しているのです。私は六二年間、あなたたちは一三、一四年間演技しているのです。どうせやるなら楽しく明るく真似でもよいからプラス思考でパフォーマンスしましょう。いずれ先に演技した人は舞台を降ります。次の人がまた舞台に上がってきます。この須々万が、徳山が我々の舞台なのです。

めそめそしないでできるだけ明るく楽しくやりたいものです。舞台に上がりたくてもなかなか出してもらえないのです。演ずる人数が少なくて演目が多ければ先に演じた人は衣装を替えて違った人を演じます。先に演じ終わって舞台を降りた人がまたやってきます。我々の命も先に舞台を降りた人があとからやってきてまた演じます。ちょうど太陽が西に沈んで東から上がってくるように我々は命の流れ、命の輪廻の中で生きているのです。

私はかきフライ工場では経営者の立場です。一二〇名の従業員のうち四四名が知的障害を中心とした障害の人（正育者）たちです。そういうこともあって、近頃三重苦の偉人といわれたヘレン・ケラーの自伝を読みました。目も見えない、耳も聞こえない、口もきけない人がサリバン先生という人の助けを借りて大学まで出て、同じ苦悩をもった人々に希望を与えます。右手に水を受けて、左手に water と書いてもらい、そしてサリバン先生の口、舌、喉にさわって発音発声の方法を学び、自分もしゃべれるようになったと聞きます。愛するとか考えるとかは形がなく触れないので苦労したとのことです。そんなことを聞きますと、私たちは目も見える、耳も聞こえる、話もできる。当たり前のことが、素晴らしい、有難いことなのです。目が見える、耳が聞こえる、話ができることは大変な能力で、その機能が失われている人たちから見れば素晴らしいことなのです。

ヘレン・ケラーは残された「さわる」という能力を最大限に活用しました。私たち健常者はこの素晴らしい身体をほんの一部しか活用していません。そして、それに気付いてもいないのです。知的障害だと人は言い、成長がないように語ります。しかし目も見える、耳も聞こえる、話もできる。まだまだ素晴らしい能力を引き出せるのです。ただ少し時間がかかるというだけです。ヘレン・ケラーの要した努力に比べれば大したことはないのです。

ヘレン・ケラーは一歳のとき暗黒の闇に閉じ込められたときに暴れたため、無性にかんしゃくをもった子どもだと言われたそうです。情報が入ってこないのでいらいらしていただけだと思います。彼女はこの闇から抜け出したいと一心に願ったのでしょう。情報の世界、よく知り理解した明るい光のある世界を求めたのでしょう。そしてサリバン先生の言われるように、よく従ったのだと思います。

私たちの場合はどうでしょうか。ぬるま湯につかっているという表現があります。なんとなく不満もない、苦しいこともない、ちょうどよい加減だ。こんな時はなにも新しいものは生まれてきません。人は努力をしません。欲しいと思ったら何でも手に入る。求めようとしません。両親が言うから、先生が言うからと人任せです。苦がないと人は成長しないようです。

こんなに素晴らしい耳をもっているのですが皆さん聞いてますか。どれだけの音を聞いていますか。本で中村天風の話を読みました。

彼は肺結核で明日の命がないと言われて、私の命を救ってくれる人はいないか世界中を回りました。ヨガの仙人に巡り会ってヒマラヤへ行きました。そこでどれだけ音が聞こえるか、毎日音を聞くことから始めたそうです。

私たちはどれだけ聞いていますか。実際はあまり聞いてないのです。聞き流しているのです。断っているのです。はね返しています。できません。やれません。いつも私たちには救いの手が差し伸べられているのですが、断って聞かないのです。両親の教え、先生の教え、素直になって聞いて実践していく習慣をつくってください。天風さんはヨガの仙人から並々とつがれた鉢の水にさらにもう一杯の水を入れろと言われたそうです。先の水を捨て次の水を入れればいいのです。一〇～六〇年経験してきた自我があるから分かっています。できますといって素直になれないのです。黒板の字は書いたら消します。何回も何回も使えます。私たちの頭脳もどんどん聞いていくらでも記憶できます。黒板に書いたものの字は消しても必ず黒板に残っています。聞いたことは頭の隅に必ず残っています。仏教の法華経の中にも一二〇〇の耳の功徳とあります。それも父母清浄とあります。両親からもらったそのままの耳、自分の損得、好き、嫌いを入れない宇宙の真理で聞いてください。自我を入れないで聞けば父母、先祖の記憶、経験を利用できるのです。潜在意識と言うらしいです。

見えることの素晴らしさ。見えないとテレビも本も読めない、外を歩くこともできない。当たり前のことに感謝をすることが大切です。しゃべれる、食べられる、お互いに意思を交換できる素晴らしい身体をいただいているのです。

山口県長門市の生んだ詩人、金子みすゞの詩にこんな詩があります。

朝焼小焼けだ　大漁だ

大羽鰮《いわし》の大漁だ。
浜は祭りのようだけど
海のなかでは何万の鰮のとむらいするだろう。

相手の気持ちを思いやった素晴らしい詩です。自分が生きるために他人の命をとって喜ぶ人間、海のイワシの身になったら、それは悲しみなのです。自分中心にものを考えるのではなくいつも相手中心にものを考える。

三人いれば三人と合わせる、一〇人いれば一〇人と調和をとる。そんな心が欲しいと思います。

どうすればそんな優しい心になれるのでしょうか。

まず相手を知ることです。イワシを知り海を知り、網で取られることを学び、空気のなかに出たらみんな死んでしまうということを知識として知る必要があるのです。相手を思いやるため学び知るのです。

私たちはご先祖、両親から素晴らしい身体をいただいていながらほんの少ししか使わないで、悩んだり愚痴を言って人を傷つけたりしているのです。ある人はこうも言っています。名刀、正宗のような立派で気品がありよく切れる刀を持ちながら、菜切り包丁のように使っていると。よくよく考えてこの身体を利用すると、このあと五〇年、七〇年生き続ける間にぐんと差が開きます。一方は近くの若山城に登り、一方は富士山やエベレストに登れるぐらいの差になるのです。

仏教の説話に長い箸の話があります。インドのヒマラヤの山奥の理想郷ではお互い一メートルもある長い箸で食事を取るといいます。そんなに長くては自分の口には入らないと言いますと、そうじゃない、これは他人様の口に入れるのです。では自分はといいますと、自分は相手、他人様より食べさせてもらうのです。忘己利他、我を忘れて相手様のためにということです。イギリスのアダム・スミスという人が『国富論』という本でこれからの社会は分業だといっています。一本の釘を作るのにも、一人がすべてをやるより、三人ぐらいで仕事を分けた方が早い。今の社会はその理想を行っています。

私の会社でも一〇〇人の人が毎日五〇〇〇kg、一二〇万個のかきフライを作っています。そのかきフライは自分たちで食べるのではありません。皆相手の口に入れるのです。そしてその対価としてお金を受け取るのです。食べ物で受け取れば本当に長い箸と同じです。今の社会では長い箸はお金となっています。お金は長い箸であり、他人様を利するためにあるのです。自分の利益のためにお金を使うものではありません。相手のためにお金を使う。自分は他人様より助けられます。

この世はすべて分業です。かきフライを作る、自動車をつくる、衣類を作る、靴を作る、物を売る人、金を集め貸す人、交通機関、道路を作る人お米を作る人、「篭に乗る人乗せる人、そのまたわらじを作る人」の世界です。より得意な人がその仕事で頑張って他人様を楽にするのです。働くとは、ハタ（他人）を楽にさせるのです。身分の貴賤ではないのです。

金子みすゞの詩に「わたしと小鳥と鈴と」という詩があります。

わたしが両手を広げても、お空はちっとも飛べないが
飛べる小鳥はわたしのように、地べたを早くは走れない。
わたしが体をゆすっても、きれいな音は出ないけれど
あの鳴る鈴はわたしのように、たくさんな歌は知らないよ。
鈴と小鳥とそれからわたし、みんなちがって、みんないい。

みんな違いがあって、みんな平等にいい所があるのです。

会社の中でも分業が行われます。より能力の高い人は管理職になる。一つの仕事しかできない人は玉ネギの皮むきをする、かきに蠣殻は残っていないかさわってみる。かきフライの生産工程を三〇くらいに分けて、できる人ができる仕事をする、毎日同じ仕事をする。できた製品は冷蔵庫に入れます。女性ができない仕事は元気な男性が受け持ちます。

当社では一二〇名のうち五〇名の障害といわれる人たち（正育者）を雇っていますが、工場の中では皆同じです。その人の能力をみつけ、その能力をどう使うか真剣に考えます。皆違うのです。当社は二人で一人の仕事をします。体力のない人は頭を使い、体力のある人は身体を使って互いに補い合うのです。

私の会社は大量に物を作り、流れ作業になっているので、そんな人の能力が引き出せるのです。周囲の人にそんな心があるので、みんな生き生きと働くのです。

今は地球が一つになろうとしています。二五〇〇年前、国は、村は分かれていました。皆自分のため、自分の村、自分の国といって身を守り、時には他のものを取ってお互いに争ったのです。そして強いものが勝ち、弱いものがその餌食になったのです。今でもお金優先で考えるとより強い人が集まって、より強い会社、社会をつくっていきます。自己中心の考えでした。二五〇〇年前お釈迦様がインドに生まれ、互いに争うより、お互いが助け合う方がより豊かになると説かれているのです。

全ては皆同じである。人間として生きるものとして存在するものとしてみな尊い。しかし皆違っている、違っていることを認め合う。そして助け合う皆は同じ地球の子である。仏の子である。本質において優劣はありません。大木は大木なりに利用され道端の草花は草花なりに美しい世界なのです。

「径寸十枚これ国宝に非ず、一隅を照らす、是れすなはち国宝なり」。お金は宝ではない。一人一人がその性質、能力をそれなりに発揮して、自分の役割分担をより得意なものを見つけ出して世の中の役に立てることをする。これが大事なのです。

情けは人のためならず、何か他人のためにやってやるのだというのではない。それは皆自分を高めるためのものなのです。菩薩業行をすることによって、プラス思考になり、この身、この心は持てる力以上に利用することができます。

少し難しかったかもしれません。これからの長い道のり、お役に立てれば幸いです。最後に、地球の周囲を回った宇宙飛行士は何を見たでしょうか。青い地球、美しい地球そこに一人一人の私たち個人を見ることができたでしょうか。見たのは一個の地球という生命体、私たちの乗り物だったでしょう。私たち一人一人は別々のものと思っていますが同じ一つのものなのです。皆さんご静聴ありがとうございました。了

## 経営の心　（二〇一四年執筆）

### （一）とりやすい球を投げてやる（指導者の心得）

きびしく、大きな声で指導するリーダーがいる。それになかなかついていけない子がいる。いや気をさして休む子もいる。そして役にたたないだめな子だという、これは自分を中心にして良い子、悪い子ときめつけていく。あまり立派なリーダーとはいえない。

問題のある子は、リーダーが記録をつけることにしている。最初のうちは起きたことをそのまま書いてもらっている。そのうちなれるに従ってなぜ起きたのか相手の心の内を書くようにすすめている。相手の性格をよく知って教え方を勉強する。どうすれば喜んでできいてくれるか、やって、見せ、言って、聞かせて、させて、みて、ほめて、やらねば人は動かじ、これが一番だ。

最初から速い球を投げないでとりやすい球を投げていく、成長につれて少しずつ速くし

ていく。そしてほめてやる。相手の子を思いやる必要がいる。

## (二) 社訓について

今から三〇年前、大阪から八木水産冷凍食品工場再建のためやってきたとき、最初に目についた、壁にかかった立派な言葉であった。創業者八木邦彦氏が書いたものである。

社訓

一、利益を得んとすれば相手に利益を与えるべし

二、信用を得んとすれば真実を貫くべし

三、名を得んとすれば己を捨てるべし

四、財を得んとすればものを大切にすべし

五、幸福を得んとすれば豊かなる精神を養うべし

立正佼成会徳山教会にて法華経を勉強するにつれて、この社訓は法華経の心そのものだと分かってきた。この言葉は会社経営の基本としている。週一回月曜の朝礼で皆で唱和する。正育者雇用を積極的に進めてきたのも〝財を得んとすればものを大切にすべし〟の「もの」を従業員に例えてみればよく分かる。

従業員、障害の人一人一人を宝と思い、大切にしていく。
このことを忘れない限り、当社の繁栄はまちがいない。

### (三) 雪道を歩く

よろこびの里では〝人のお世話はするように。人の世話にはならぬよう。そして報いを求めぬように〟を唱和している。ボーイスカウトの兄より教えられた障害の人たちのお世話をしながら、仕事をたくさんつくる自立の精神を身につけさせるようしてやったという心を持たない。利益を残すことはない、人を教育しよう。人は宝である。利益を生み出す根元である。

労働力は資本だと習った。別の意味で人は教育されれば宝なのだ。売り上げは当然必要で商品も必要である。それにもまして効率も必要である。効率を追求する中でコストを利益に変えることを考えた。資金がなかった。それでコストを減らすことを考えた。人が目をつけない安価なものを大事にした。

小さすぎて商品にならない「かき」をかき殻の容器に入れソースの味で商品とした。捨てるかき殻も利用し、グラタンソースに入れる玉ネギも農場をつくり、正育者たちの仕事をつくった。農園の米と野菜で弁当もつくった。それをグループ全員でたべる。一〇〇食の弁当の仕事ができあがる。

経営は心だと思った。困っている人たちを救ってあげようという慈悲の心、正育者は教育すれば宝になる。智慧の心、欠点は使わず長所をほめ、伸ばしていくのも智慧である。与えられた条件の中で人を人として扱っていくそれが経営の心である。

学生の頃に習った経営者革命で、労働者を単に道具として見たロシアの農奴や、アフリカ大陸の人々を奴隷として扱ったアメリカでは資本家と労働者の対立があった。人として扱わず教育をしないからしいたげられた人々は革命に走り、暴力で変えようとしたのだ。

資本家の中から教育を受けた頭脳集団が生まれる。その経営者は労働者を人として扱い宝として教育する。たとえ障害のある人たちでも頭脳集団として宝経営者に変わっていく。

当グループは二〇一三（平成二五）年一一月、日本科学技術連盟よりＩＳＯ２２０００の証認を受けた。誰も考えなかった人々が教育によって変わっていく。そこには資本家も経営者も労働者もみんな一つの乗り物に乗る仲間たちであり対立の考え方はない。皆、別々に行動すれば荒波を乗り切ることはできない。

中学生、高校生の時、北陸の福井での通学のとき、雪道を歩いた。体力がなかったから人との競争はさけた。自分にとって得意なもの、兄はそれを伸ばしてくれた。他人の真似をするのもきらいだった。何でもよい一番になりたかった。

正育者雇用率はカン喜グループで五〇％を超える。平均賃金は一三万円で、日本有数だと思う。殻付カキグラタンの年間四〇〇万個×六〇円＝二四〇〇〇万円は日本一である。ホンコン、バンコク、シンガポールで売ろう。世界一を目指そう。人のやらないことで日本一、世界一になろう。

「創意工夫」
他の人の歩いた道は
踏み固められていて、歩きやすいが
価値あるものは残っていない
白い新雪を踏みしめながら
進もうではないか
欲しいものは何でも埋まっている

## （四）人と争わず、競争しない

私の会社は、前掲した金子みすゞの詩「わたしと小鳥と鈴と」とそっくりである。得意なものを育て下手な所にはさわらない。みんな何か一つは良いものを持っている。それを私は使う。それを伸ばしたい。冷蔵庫への物の出し入れは寒くて大変である。トラックより原料を保管庫へ入れ、保管庫より加工工場へ出して、できた製品を保管庫に入れそれを毎日トラックにのせて大都市へ運んで行く。

健康な男子の身体が必要である。二～三年かけて教えれば立派に役をはたしてくれる。同じ仕事を毎日毎日丹念に一〇年、二〇年やっていれば皆名人になる。仕事を単純な仕事に細分化してだれでもできるようにする。そしてそこに健常な人を一人つけておく、これで十分である。一〇〇人の工場は五〇人の障害の人を雇用できるのだ。

## （五）命の大切さ

人は平等で尊い。物も尊い。もったいない。

利益追求型の会社は人を道具として使う。当社は正育者の雇用を大事にしている。この人たちで成り立っている。この人たちを育て一人前として長い時間をかけている。弱い人たちの幸福を願ってグループを経営している。

会社の繁栄、発展のために社会のこまっている場所へ進出する。国の支援を受けて助成金を受けながら、人を育てる。我々は教育業と思っている。二〇年もかけると、その部内で一人前に成長してくる。

一人ごとに支給される報奨金は大いに役に立った。二〇年をすぎると余剰金が出てきた。その金を特に赤字の出る農業部内に振り分けられることはありがたい。農業の収支が合うには五年くらいかかるだろう。最初の五年間は投資のみで赤字である。

常に雇用を続け、事業を拡大していく。福祉と農業と教育のタイアップモデルをつくるのだ。

## (六) 賢者と愚者

### 賢者

① 笑顔であいさつのできる人
② ありがとうといつも言える人
③ 自分の属しているものがあり、自分が自然の分身であり、仏の一部であると自覚し

ている人

④他をよく見る、よく聞く

⑤他人を他人自らの心で納得させて動かす

⑥いつも笑顔でユーモアを交えて人を導く。相手の性格、気質をよく理解している

⑦やさしく何回でも相手の身になって教え、習得したか確認する。叱ることなくほめる

⑧相手は理解してくれる、自ら心地よく働いてくれる

⑨一人一人に目標を持たせ実現したときの喜びを与える

⑩リーダーと一緒になって共に働く。自分の会社の意識をもつ、利益が上がったときは還元するしくみをつくる

⑪良いリーダーは思う、「悪いのは自分、期待しすぎた」。自らを改めて相手に合った仕組みをつくり、良い所をほめられる人

**愚者**

①だまって入ってくる（犬や猫でも鳴く）

②感謝のない人

③自分中心、自分が学び経験したものだけが自分。自分は独立している存在と思っている人
④人の言うことを見ない、聞かない
⑤すべてを自分の思い、自分の感情で動かそうとする人
⑥その場の雰囲気、感情でものを言い、その結果が人にどう及ぶか考えない人
⑦大きな声で威圧、強制して時には暴力をふるって働かせる人
⑧力ある相手は反発する、弱きものは聞いたようなふりをする。その場だけ合わせてくる。失敗をくり返し叱る人
⑨しいたげられ、屈辱感をもち、会社へ来るのをいやにさせ、やめさせる人
⑩経営する者、搾取する者と従業員との対立を生じさせる人
⑪悪いリーダーは思う、「失敗したのは相手が悪いのだ」。現状を変えようとしないで、相手を教育しようと叱って責める人

## 経営と資本主義　（二〇一四年執筆）

一九五四（昭和二九）年、ビキニ環礁で水爆実験が行われ、第五福竜丸の被爆の年に東京水産大学に入学した。三年生の時に第五福竜丸は名前を変えてはやぶさ丸となって実習船となり、大島周辺の漁業実習に参加した記憶がある。

三年生のとき、英語の試験を受けて水産経営コースに入った。漁業の勉強をしながら経営の勉強をしたものである。その時の英語の先生が棚橋鐘一郎先生で、原書講読は勉強に必須であった。先生は、アメリカが大恐慌のあとの昭和一〇年、ボストンのハーバード大学に留学していたと聞いている。今考えてみると、先生は土佐のジョン万次郎みたいな人だったと思う。さかのぼれば一五〇年前、「長州ファイブ」と呼ばれる長州の若者五人がイギリスに密航している。続いて、薩摩から「薩摩スチューデント」と呼ばれる若者一九人が同じくイギリスに密航している。先進国を見るということは未来の国を旅することと同じだ。彼らが近代日本の礎を築いたことを考えると、若者を教育することがいかに大切か見えてくる。私が先生に潜在能力を引き出されたように、私たちは正育者こそ教育して潜在能力を引き出さなければならない。

卒業から五五年を経た今でも棚橋先生の教えは薄れるどころかますます鮮やかによみがえってくる。勉強すればするほど、棚橋先生の教えが潜在的に私の方向を決定づけていたことに気付く。私は学者でもなく熱心に研究したわけではないが、大学二年間の聞きかじりを五五年の会社経営に応用していたことに気付かされるのだ。血の通う身体を作ったのが細呂木の信仰の地と村の人たち、両親、兄弟姉妹だとすれば、それを理論的に考える頭や経営思想をつくったのが棚橋先生だといえる。

一九五八（昭和三三）年、卒業式が終わっても私には職がなかった。四月になって蒲田のつくだ煮屋でアルバイトをしていた。先生は地図を書いて私を自宅にまで呼んでくれた。大森だったか大井だったか、夜訪ねて行くと、先生は事細かに大阪の太洋農水産株式会社の話をしてくれた。そして、東京水産大学の前身の水産講習所を卒業した坪谷芳三郎さんを紹介してもらった。坪谷さんの学友が総理大臣の鈴木善幸さんだった。就職のあと、先生にはハガキを出して報告をしただけ。何のお礼もしていない。今、棚橋先生の作った水産経営コースの仲間たちと同窓会を開き、一九八六（昭和六一）年に消滅した水産経営コースの話を本にしようと話している。先生の作った水産経営コースがいかに役立ったかを記

録に残そうとしている。(二〇一六年、『東京水産大学　消えた水産経営コース――棚橋先生の功績をたたえる』を刊行した)

授業では、イギリスの産業革命、植民地政策、アダム・スミスの『国富論』やバーナムの『経営者革命』などの講義があり、それらを学生みんなで手分けして英文タイプを打って勉強した。実務では、複式簿記、貸借対照表、原価計算、大衆資本主義、株式のことなどが後年二つの法人の設立のなかで大いに役に立った。

先生はさわりだけしか話さなかったが、マルクスのイデオロギー論、すなわち国の在り方としての資本主義、共産主義、社会主義の話は私の知的好奇心をかき立て、「次にくるのはどんな社会なのだろう」と想像をめぐらし、後年、会社経営の在り方を考えるときに大いに役立った。資本主義社会のなかで正育者を育てることは、新たなパラダイムであると思う。このような想像力を育ててくれたのが棚橋先生なのだ。以下に先生の教えから経営に取り入れたことを述べ、先生に感謝を捧げたい。

## (一) 分業と流れ作業

アダム・スミスの『国富論』で最も印象深かったのは「分業論」だった。一本の釘を作るのに一人でやるより数人で手分けして、得意な者が得意な作業をすれば効率よくできる。私は正育者を雇用し、彼らの長所と短所を見極め、長所だけを使っていく。それに合わせて仕事を単純化し、流れ作業にしていった。

工場で働く三二名のうち一六名は知的に障害のある正育者である。正育者のそばに健常者がいて、一対一でサポートしている。最初はすべて手作業だったが、二日がかりの仕事を一時間でできるように流れ作業にして、単純作業を数多く作った。正育者を教育して適材適所に配置することで人手不足を解消し、すばらしい工場を作ることができた。今、農業にも分業を取り入れようとしている。六次産業福祉的家族会社にも未来を感じている。

### (二) 原価計算について

資本主義社会において生産するものは「商品」であり、それを販売して売り上げを上げ、そこから費用（コスト）を引いて利益を出す。売り上げを増すよりもコストを減らすことが重要だと考える。例えば、従来使用してきたプラスチック容器をかき殻に変え、労賃を正育者教育の機会ととらえて助成金をあてることで大幅なコスト削減ができる。

会社設立当初は、売り上げに重きを置いた企業活動を行っていた。売り上げを伸ばすために昼夜二交代で機械を稼働して働いた結果、電力代、人件費が増え、八〇〇〇万円の赤字が出た。赤字解消のために捨ててあるかき殻を集め容器に使用し、かき殻を洗浄する仕事を新たに創り出した。そのおかげで正育者が働く場所ができた。年間四〇〇万個のかき殻を洗わねばならないのだ。

特定非営利活動法人「よろこびの里」（現「よろこび」）では、買い付けていた玉ネギを自社で作り、農業で新しい仕事を創出することで正育者を雇用することができ、教育の対価として助成金をもらう仕組みに変えた。売り上げよりコスト削減、教育業に転換する発想も棚橋先生のおかげだと思う。農業で野菜や米を作り、従業員のために弁当を作り、自社グループ内だけでも生きていける仕組みをつくる。教育に力を入れることで、コストと思われるものを利益にしていくのだ。

## （三）大衆資本主義について

六〇年近くたった今でも大衆資本主義についての先生の講義を忘れられない。

これからの社会、会社は資本家と労働者の対立の図式ではなく、資本と資本家を分離して、労働者も小額の資本家として会社経営に参加する。労働者も会社の収益を配当金として受け取る。新たな経営者グループが出てくる、という講義だった。

当社も一〇年前、八木ノースイから株式会社カン喜に移行した際、売り上げが大きく減り資金繰りに頭を悩ませた。銀行の返済は迫ってくる、従業員の給料支払いにも困った状態だった。その時、頭に浮かんだのが先生の講義であった。私は、賃金の一部を株式に変えて支給した。また、大学経営コースの仲間にもお願いをして優先株として購入してもらった。今も一株五〇〇〇円の配当をしており、暮れには二〇〇〇円相当の自社製品を送っている。

株式とは偉い人や一部の取締役が持つものという発想が根強く残っていないだろうか。当社は正育者たちも株主であり、その保護者も持っている。さらに口コミで一般の関係のない人たちも持つようになった。当初の株式、上坂、八木2人の持ち分二〇〇〇万円の資本金が、二〇一四年現在、七一六〇万円になった。今は会社も軌道に乗り、株式を増やす必要もなくなった。先生の講義を受けたからこそできた話である。

## （四）イデオロギーについて

私は先生の講義を通してイデオロギーの四つの型を学んだ。ここでこの四つを振り返り、カン喜グループの未来について考察する。

① **資本主義**

金・利益を中心にして、企業は機械化、生産量の拡大、効率化を図るために、あるときは人が犠牲となる。マルクスは労働者を資本家との対立軸で捉えた。弊害として公害による環境悪化が起こった。

② **共産主義**

利益追求のために虐げられる人々がいるという考え方に基づき、パイの増加より分配に重きを置く考え方。競争より平等という考え方は、人間のモチベーションを下げ、創造性も追求しなくなるようだ。一九九二年のソ連邦の崩壊が例となろう。また一党独裁の中国や一握りの人が操る強権主義の北朝鮮をみると共産主義の限界がみえてくる。修正資本主義または経営者社会に変わっていくのではなかろうか。

③ **社会主義**

全体の幸福を目指し、希望や欲望が先に立つ理想論ではあるが、資本の裏づけがない。そのためいつか見放されていった。しかし当グループは国の後押しによって、福祉的家族主義的社会主義を実現している。

## ④　経営者の管理する社会

バーナムが提唱した次にくる社会である。そこでは、経営者が頭脳集団となった経営者社会であり現在の社会である。資本家と労働者の対立というマルクスの構造ではなく、前述したように、資本と資本家が分かれ、経営者、労働者、一般の人が株式を持ち、会社運営や配当金に関する意見は述べるが、直接会社運営にはタッチしない。この考えを取り入れたことで、当社は難局を乗り越えてきた。

## ⑤　カン喜グループの在り方

では、現在の当グループはどうだろうか。資本を多くの人から集め、従業員も株主である。会長、社長と三人の経営管理者がいて労働と教育を提供している。教育なくして仕事は成り立たず、仕事なくして教育は成り立たない。仕事と教育という言葉を、正育者と健常者と言い換えても成り立つ会社組織である。正育者を経営者、管理者に育てていくのだ。

当グループは、株式会社カン喜の利益と、正育者に対する教育の対価として受け取る国、県、市からの給付で成り立っている。すなわち株式会社カン喜は資本主義に基づき、就労継続支援施設よろこびは社会主義に基づいているのだ。

日本の国は豊かになった。福祉にも十分にお金を出せるようになった。私企業には自由に利益追求をさせ、税で取り上げたものを福祉にまわしている。国による財政の裏付けのある仕組みによってカン喜グループは実現しているのだ。

こうして当グループの在り方からシステムのつくり方、実務を振り返ると、棚橋先生の教えが細部にわたって浸透していることに気付かされる。(新版刊行にあたり一部表記を改めた)

## 水産経営コースで学んだこと（二〇一六年執筆）

卒業して二七年後の一九八五（昭和六〇）年頃、古びた経営者革命の英文のわら半紙が出てきました。学生の頃、仲間で手分けして、タイプで打ったものです。

そこに書き込まれた和文の文章をまとめて、以下の「経営者革命」をつくりました。

### 一　経営者革命（MANAGERIAL　REVOLUTION）

（一）THE PROBLEM

問題の提起

次に来る社会を探る

（一）THE WORLD WE LIVED IN
現代の世界
イデオロギーについて

（二）THE THEORY OF THE PERMANENCE OF CAPITALISM
資本主義永続論

（三）THE THEORY OF THE PROLETARIAN SOCIALIST REVOLUTION
労働者社会革命の理論

（四）THE STRUGGLE FOR POWER
権力闘争

（五）THE THEORY OF THE MANAGERIAL REVOLUTION
経営者革命の理論

（六）WHO ARE THE MANAGER
経営者は誰か

**（一）問題の提起**

第二次世界大戦は、資本主義の崩壊をもたらした。

次に来る社会はどんなものだろうか。

以下に、社会革命の定義を掲げる。

①根本的変革（社会、経済、政治）

②文化的、支配的思想

③支配階級

仮定の助けを借りて、経営者革命の理論を説明する。

現在の社会革命を丹念に述べながら、次に来る社会を予言してみよう。

**（二）現代の世界**

資本主義の特徴は次のとおりである。

①資本主義の生産物は商品である。

②貨幣の役割は商品生産の結果である。

③貨幣の二つの異なる機能とは、「資本と賃金」、「利息を生むこと」である。

④生産は「利益追求のため」から「人の幸せのため」へと変化する。
⑤恐慌をもたらす場合がある。
⑥市場経済（マーケット）生産は市場によって調節される。
⑦労働者と資本家が存在する。
資本主義は永遠ではなく、一時的現象である。

次に、資本主義社会の政治機関の特徴を挙げる。
①国境内の人間に対して政治的管轄権を持つ。
②議会によって行使される。
③各国は自治権を主張する。
④「国家の市民」により構成される（封建時代には「君主対家来」であった）。
時を経て、資本主義社会は「世界的つながりを持つ」ようになり、「投資のため他の国を植民地化」し、「支配する国と支配される国」とに分かれていく。

（注・日本は昭和二〇年外圧により植民地支配を解体された。今、ソ連は民族運動により自然発生的に国が分裂しつつある。一九九一年ソ連崩壊）

国家の意味するところ……中央政治機関→政府、行政、官僚政治。

資本主義国の理論において、国家は干渉しない、経済にはタッチしない、私有財産を保護する。市民の平和を保障する。外国との戦争、外交を扱う。国家の干渉は、私有財産制の破壊につながる。

イデオロギーについて（言葉のもてあそび）。科学的理論でなくむしろ非科学的である。希望、欲望、恐れ、創造が混在している。社会構造の言葉のセメントである。

資本主義、共産主義、民主主義、社会主義。

(三)　**資本主義永続論**

資本主義についての、三つの考え方

① 永久ではないが、かなり続くだろう。

② 社会主義にとってかわるだろう。

③ 経営者社会になるだろう。

これらは次の二つの仮定に基づいているが、しかしそれは全く偽りである。

㋑ 社会は常に構造において資本主義である。

㋺ 資本主義とは人間の性格（Human nature）とある種の相関関係を持っている（自然

主義、民主主義）。

一方、資本主義のかかえる問題点とは、大量失業の問題（生産オーバーになり物が売れなくなる、デフレ）、そして恐慌である。

資本主義が行き詰まると、戦争（第一次世界大戦、第二次世界大戦）になるか、大災害（関東大震災、東日本大震災）になるかで脱出口ができる。

**（四）労働者社会革命の理論**

社会主義社会とはどんな社会か（社会主義者、共産主義者、マルキシスト）。

①クラスレス→階級のない（格差のない）社会。

②デモクラテック→民主的。独裁ではなく個人を大切にする社会。

③インターナショナル→国際的である。

この社会においては、いかなる人も生産手段の所有権を持たない。

労働者が社会変革の時に大きな役割をすると、マルクスは考えた。マルキシストの運動においては、労働者階級が国の権力を引き継ぐ。

マルクスの説そのものは、一つの議論と二つの仮定にもとづく。

① 資本主義は永続きしない。
② 社会主義がとって代わる。
③ ゆえに社会主義社会が来る→経営者社会へ。
それでは、次に来る経営者社会とはどんな社会か。
生産手段の私有権の廃止は社会主義社会の樹立に十分であるが、しかし我々は歴史的事実により、これを誤りと考える。社会主義が到来しないと考える根拠は以下のとおり。
マルクス運動は多くのグループに分かれていく
一九一七年ロシア二月革命……労働者、兵士→ソビエトの結成
十月革命……レーニン、ボルシェブィキ、トロツキー（世界革命論）
ロシア共産党　スターリン（一国社会主義）
我々が先に見たように、社会主義が「階級のない」「民主的」で「国際的」なものであるなら、ロシアの社会主義は必ずしも社会主義ではなかった。むしろ反対の方向に向かった。
資本主義はロシアから除去された。
① 大衆の収入の差は激しい。
ロシアでは、人口の一〇％が総生産の五〇％をとるが、アメリカでは人口の一〇％が総

生産の三五％をとる。

②スターリンのロシア、革命ロシアの自由と民主主義は広く行き渡っていない。自由と民主主義はロシアの生活から追放されている。独裁的であり、ヒットラーのそれを想像させる。ロシアは社会主義らしからざるものに向かった。

（注・共産党の特徴は一党独裁である。ソ連、北朝鮮、ビルマ、キューバ、中国、ロシアは社会主義にも移らず、また資本主義にも戻らなかった。これがこの問題の鍵である）

トロツキーはこの仮定を説明することができなかった。この道から脱け出す方法とは、

(イ)この二つの仮定を捨てることである。

(ロ)社会主義は資本主義にとって代わる唯一のものではない。

(ハ)ロシアの動きは、経営者社会への動きである。

（注・現プーチン政権はより資本主義的であり、経営者・官僚の組織である）

ロシアで起こった社会革命が他の国で起きなかったのはなぜだろうか。

(ニ)社会主義となるには、生産手段の私有権の廃止が十分な条件であるということは誤りである。

(ホ)資本主義は労働者と資本家に分かれるとしたが、第三の個人企業者もある。

(へ)労働力の低下。労働者の増加率が全人口に比例して減少してきた、失業の大部分は労働階級である。

(注)日本でも社会党が社民党となり消える寸前である。

## (五)権力闘争

生産手段(用具)は社会的性格を持つ。

所有権は二つの面を有す。一つが接触所有権であり、もう一つが優先配当権である。この二つを持つものが支配階級である。支配階級を見出す最も簡単な方法は、誰が最も大きな収入を得ているかである。

近代社会においては、資本家=支配階級である(資本主義社会)。

中世においては、諸侯=土地持ちであり、優先配当権を有していた。

階級のない社会においては、人々は二つの権利を持たない。

新しい階級は、資本主義とも封建主義とも異なった経済的・社会的関係でもって測定した新しい方法で組織され、グループとして二つの権利を持つだろう。

中世社会、国の戦争の中で資本家が力をつけていく。

戦いは資本家は行わず、労働者、百姓が行い、資本的、財政的後押しをした。一五世紀～一八世紀までの数百の戦争は、性格、動機はまちまちであったが、次の二つの事実に意義があった。一つは、社会の変革は資本家に利益があったこと。もう一つは、戦ったのは資本家自身ではなかったことである。

封建主義の社会構造の中で資本主義は進んだ。封建領主が目覚めたときは、資本主義は進みすぎて手遅れだった。

資本家が封建構造の中で彼らの地位を築き上げたという事実は、社会主義は到来しないということを意味する。なぜならプロレタリアの地位は封建社会における資本家の地位と全然異なっていたからだ。プロレタリアは全然支配力を持てなかった。マルキシストは労働組合がこの欠陥を除くと考えたが、この組合は資本主義経済関係の前提の下につくられたのである。

一五、一六、一七世紀に於いて資本家は、王や皇子と手を結んだ。資本家は強力な国家の後押しを必要としたのだ。戦争や平和条約、法皇の選挙等が大資本家の金によって左右された結果、王は無能となり追放されるか、または「カカシ」となった。

最後に理想的資本主義国が生まれた。初期の資本家は何処から来たか。彼らは社会の一部分、冒険者、海賊、職人貿易商等から生まれた。

### （六）経営者革命の理論

現在は資本主義社会から経営者社会への過渡期とある。変革は第一次世界大戦に始まり新社会の強化で終わるだろう。五〇年以内に経営者は支配階級になろうと努力している。これは社会的である。経営者の社会支配が安全となるのは生産手段の国家所有に基づく、そこでは個人に属した生産手段の直接所有権はない。ではそこに支配階級が存在するか。支配階級とは生産手段に対する「接触所有権」と「優先配当権」を持つもので、資本家がそのグループであった。次は経営者がこの二つを持つようになる。経営者による国家支配である。

経営者の社会的役割、利益、野心を表すイデオロギーは完全にできていない。経営者は意識して支配階級になろうとはしていない。闘争しているものは青年と労働者である。イデオロギーを説いているものは知識階級である。経営者が意識して社会支配の地位に就こうとしているかについては論争されたことはない。

資本主義構造の社会の下で変革が急速に行われている。変革が終わってみれば今までとは異なった経済、社会、政治、機関や社会思想が出現するだろう。その時支配する者は経営者である。人間はこれから出現する社会に大きな興味を持っている。人間の行動ははじめ意図したものとは異なった結果に終わるということはしばしばある。

経営者革命の理論は将来の予言ではない。理論は現在すでに起こっている所の説明である。我々は革命を眼前に見ることができる。我々が年をとるまで年をとったことが分からないと同様に、革命が完成されるまでは、それが進行しているのが分からないものである。

（七）**経営者は誰か**

その答は経営者の機能で答えられる。我々にとって最も重要な機能は、生産手段に関連した機能である。経営の概念を明らかにする、生産手段に対する支配権が資本家の手から経営者の手へと移った今日の産業は非常に複雑であり、分業と調整により行われる。生産過程の技術の面では、個人は比較的小熟練で済むが、逆にごくわずかな部門では非常に大きな熟練を要する。

熟練を要する仕事は三つに分けられる。

① 建築業のごときもの。

②自然科学においての技術者。
③技術上の指揮と調整。
①の特徴は、生産行程の指導、管理、経営、組織の機能である。①の仕事は、経営でそれを行うのが経営者である。
経営者には階級がある。チーフ、マネージャーのもとに階級性として数人、数十人、数百人の支える管理者がある。しかし経営者の存在は目新しいものではない、どうして突然奇妙に重要視するのか、これを調べよう。最初は産業が小規模であったのでマネージャーを必要としなかった。以前は資本家が経営者であった。

資本家と経営者の分離である。経営というものをもっとはっきりするために自動車会社の例をとってみよう。

所有権と経営とに関して次のグループに分ける。
(イ)特定の個人（経営者）
本来の経営者の仕事は、原料、道具、機械、装置、労働を、製品を作り出すためにそのような方法で組織づけることである。
(ロ)金融執行者、利潤を求めて会社を指導する。

(ハ)金融資本家。

(ニ)株主、法的に正式な会社の所有者。

一人または一つのグループが、右の四つの機能を有することが可能である。ヘンリー・フォードはそのよい例であった。現在この機能が分かれてくる。株主の大部分は受身の立場。第三のグループは、会社の株の過半数は持たないが小株主より委任状で実質の株を持つ。この第三のグループが法的に会社を所有する。

## 二　棚橋先生より学んだこと

(一)産業革命（英国）

(二)国富論（アダム・スミス）　富国強兵、分業論、見えざる神の手

(三)経営者革命（ジェームズ・バーナム）

これからやってくる社会制度は、国とは。

資本主義か

社会主義か　　経営者がコントロールする社会

共産主義か

（四）これからの国、制度。
（五）やはり島が欲しいか、優先配当を望むがよい。
（六）資本主義（人間欲望）の死は、大量の人の死から再生へ。
（七）日本人の行く道。
（八）私はどう利用したか。

（一）産業革命

『長州ファイブ』という映画を見ました。長州藩の若者五人がイギリスに密航して、先進国の産業を学び明治維新に活躍するストーリーでした。

今から一五〇年くらい前のことです（一八六三年）。五人の名前は、

井上聞多（馨）　初代外務大臣
遠藤謹助　造幣事業。日本人の手による貨幣造り
伊藤博文　初代内閣総理大臣。四度にわたり首相を務めハルピンで暗殺される
野村弥吉　鉄道の父。新橋～横浜間鉄道
山尾庸三　グラスゴーで造船を学ぶ。東京大学工学部創立。聾盲唖教育の父

映画の中で、造船所で働く山尾庸三を見て、棚橋先生より学んだ産業革命が、これなんだと思いました。また、障害者との関わりを見て、英国は一五〇年前に障害者教育をしていた素晴らしい先進国だと知りました。

蒸気機関が発明され、大量にものが生産され、大量に運搬され、大量の労働者が必要になる、またそれによる労働条件の悪化も映画は見せてくれました。

この五人は未来の文明を見てきた人たちです。

我らの恩師、棚橋先生も昭和一〇年、アメリカ・ハーバード大学に留学されました。戦争で荒廃した国日本で、私たち青年にこれから進むべき道を教えていただきました。未来を見てきた素晴らしい先生でした。その先生から私たちは経営学を学びました。六〇年経ってどのように受け取り、学び、役立ったかを書いてみます。

（二）国富論（アダム・スミス）

富国強兵――植民地政策――戦争　　※下段は被植民地

オランダ　……　インドネシア

英　国　……　インド

フランス　……　ベトナム（仏印）
ドイツ　……　中国（山東半島）
　　　　　　　→日本
スペイン・ポルトガル　……　中南米
イタリア　……　アフリカ
ロシア　……　ソ連邦
アメリカ　……　ハワイ、フィリピン
日　本　……　朝鮮、満州、台湾
一九四五年　ドイツ・日本、敗戦と同時に植民地政策の終わり。東南アジア諸国独立
一九九〇年　ソ連崩壊
遅れてきた植民地政策　↕　現在　中国　……　チベット、ウイグル、南沙諸島
　　　　　　　　　　　　　　　ロシア　……　ウクライナ、クリミア

（三）経営者革命　　主義とイデオロギー（欲望、希望）
　　生産手段を持つ者　　　　働く者

地主　と　小作人
資本家　と　労働者
資本家　＝　経営者　＋　労働者
資本家　と　経営者　＋　労働者も資本家となる
分離する　　経営者が実権を握る
自由主義　競争社会　一党独裁　計画経済
資本と経営の分離　　中国、ロシア、北朝鮮
大衆資本主義
（労働者も資本家に）
小額投資家

（四）これからの国、制度
地球上に国境はなくなっていく、ＥＵのように。
①資本の自由化
お金は地球上を駆け巡る。しっかりしないとバブルになったり、ギリシャのように国が

破産する時もある。一時の現象がその国の実力を示すものではない（二〇一六年の中国）。

②物の自由化

お金があれば物は自由に手に入る、ＴＰＰ条約のように。しかし七十数年前は「油の一滴は血の一滴」と言って戦争をしたこともあります。

現在でも世界の平和を乱すような国はイランや北朝鮮のように制裁を加えられ、金も物も入ってきません。

③人の自由化

第一次、第二次世界大戦を戦ったヨーロッパはＥＵという共同体をつくり、お金もユーロという通貨をつくり、国境をなくし、もう戦争はしないと宣言しました。しかしこれが裏目に出て、シリアの動乱で中東よりどんどん人がヨーロッパに入ってきます。

困ったことです。二年～三年仲の悪かった中国、韓国よりまた東南アジアの国々より、人がどんどん日本に観光に来ます。年間の来日者は二〇〇〇万人にもなろうとしています。一方で私も毎年一回は海外に出ています。

④有事のドルより、平和の円、なぜ円は強くなるか？

昔は植民地政策で、軍事力で、他国を侵略した。何か争乱があるとドルが高くなった。

今はアメリカも世界の警察の役を降りようとしている。平和の方が通貨が強くなるのである。戦前一ドルは二円であった。戦争で負けて一ドルは三六〇円と設定された。

資源のない日本人は石油、エネルギーを買うために、食糧品を安くアメリカに輸出した。その円が一ドル七〇円台になり、物が逆流してデフレになった。

アベノミクスはお金をどんどん出してインフレを目指した。一ドル＝一二五円が限界でまた、平和の円高に戻ろうとしている。世界の金持ちが金の置き場を探しているのだ。

（五）やはり島が欲しいか、優先配当を望むがよい

尖閣諸島、北方四島が時に触れ話題となっています。尖閣諸島は日本が早く手をうって中国が悔しがっているみたいです。その代わり、南沙諸島に飛行場をつくっています。

北方四島はもう少し早く手をうっておけば二島は戻ったかもしれません。しかし今となってはもう駄目でしょう。もう少し冷静に考えてみれば、私たちは何が欲しいのでしょ

うか。島そのものが欲しいのでしょうか。島の存在が生み出す果実が欲しいのでしょうか。ロシアが北方四島に投資する金額はどれだけの果実を生み出すのでしょうか。

1バレル一〇〇ドルだった石油の価格が三〇ドルを割った今、島への投資額は大変でしょう。結果住みついた人がどう生きていくか、これも大変です。

私たちが勉強した接触所有権と優先配当権が教えてくれています。

接触所有権は植民地政策の時、今は島そのものは必要ありません。結果として何が生まれるのか、島周辺の魚に値打ちがあるのか、観光の地としての値打ちがあるのか。正当な金を払って、その果実を買いとればよい。

尖閣諸島も然り、取れる魚か、その周辺の鉱石資源か、果実を得るには莫大な資金が必要です。

島が欲しい人には、ただでくれてやればよいのです。開発のため投下した資金に応じて果実を買いとればよいと思います。そのために武力を使って人の命まで落とすなら時代錯誤もはなはだしいと思います。

（六）資本主義の死と再生

「金」中心の資本主義を勉強してきました。資本主義とは人間の欲望主義でした。行きつく所まで行くと戦争となって殺し合うまでやる。もう一つは大災害によって結末を迎え、もう一度、一からやり直す。

太平洋戦争でその愚かさを知りました。植民地政策の放棄、一九四五年敗戦で、約三〇〇万人の人たちを殺して多くの人たちが、日本の四つの島に戻ってきました。島、土地は明治維新に戻ります。

しかし今は島、領土がなくても中国、東南アジアに進出して世界第二、または第三の経済大国になっています。島、土地が広いと、また人口が多いと、それを管理するための武力が必要となります。香港、シンガポールのように拠点は狭くて小さい、日本列島がちょうどよいのです。

もう一つの資本主義の欠点は、人類の欲望は限りないということ。生産物が多すぎると販売先が必要となる、相手国が必要となります。

時々大災害が起こって人類の欲望を打ちのめす。日本は災害列島です。

人類が慢心を起こした頃、適度に災害が起きて一からやり直す。関東大震災、阪神淡路大震災、東日本大震災これらは天、神からの贈り物、人類の慢心を戒め、過大な欲望主義を調節、コントロールするものです。

土地、領土は必要ありません。必要なのは人の教育と思います。

（七）日本人の行く道

教育で立派な国をつくる。国意識を捨てて、日本人を捨てて地球人となる。今から一五〇年前、長州人と会津人が戦った。今は日本人同士仲良くしている。竹島を巡って日本人と韓国人、尖閣では中国と争っている、早くアジア人にならねば。中国は一二〇〇年前、日本から最澄、空海が学びに行った師の国である。孔子を生んだ信義を重んずる国である。

韓国は日本人の先祖の国である。お互い国際人となって仲良くしなければ、それには若い人を教育していく、これしかない。

海外より帰ると新幹線駅の綺麗なこと、日頃からごみを落とせば必ず拾う、これも教育である。日本人の生きる道は外国と仲良くして日本に来てもらう、観光立国、平和産業に徹する。仏教を重んじ布施行をする。海外より求める前に与えていく、若い人は海外に出て行き経営を教える。海外技術、援助、ＯＤＡ、無償援助を与えることから始める。

精度の高い品質のよい商品を輸出して喜ばれる国になる。

目先の利を追わず立派な商品を輸出する国になる。

ノーベル賞の取れる人を数多く育てる。教育である、菩薩立国である。

（八）私はどう利用したか

水産経営を学んで、私はどう利用したか。

冷凍食品の業界に入って、広島のかきを利用してかきフライをつくった。捨てるかき殻を利用してかきグラタンを作った。人手不足のため障害の子たちを育てて福祉の世界にも入った。今はこの子たちと共に農業の経営をしようとしている。

グラタンに必要な玉ネギを七万本植えた。野菜をつくり、米もつくり、弁当もつくっている。

水産と農業の六次産業である。採算の取れる農業をやろうとしている。農業経営をやろうとしている。どうすれば採算の取れる農業ができるのか、この子たちの力を借りて採算の取れる農業をつくり上げたい。

高齢化で余ってくる空き家を利用して寮をつくりたい、一〇〇名に及ぶ子たちを寮に入れ教育したい、まだまだやることは多くある。

あと二〇年、村、街の再生のため頑張るぞ。

バブルがはじけて、資金難の時に、棚橋先生より学んだ大衆資本主義を思い出した。従業員、利用者の給料の一部で当社の株式を一株持ってもらった。その保護者にもお願いした。大学の同窓にもお願いした。そして危機を脱して今がある。今、目指していることは、従業員、利用者を二〇〇人～三〇〇人に増やし、その家族を巻き込んで大家族集団をつくる。四〇〇人～五〇〇人の集団となる。大家族社会主義となる。

現在、お金を預ければマイナス金利となる（平成二八年五月現在）。ならば自己資金を社外に出さず、給料の一部で寮をつくる、弁当をつくる、野菜、米をつくる、そのうち介護事業もする。

会社、グループの中でお金を運用する。夢は無限に広がる。

## 東京水産大学を出て、何を学び何がよかったか（二〇一六年執筆）

東京水産大学同窓会での一大関心は、我々の水産経営コースはどうなったかであった。

二〇〇三（平成一五）年、東京海洋大学になったときは消滅していた。

近頃、知性と反知性が話題になっている。反知性とは目先の利益に反するものは必要としない。結局予算がつかない。単純なのである。今必要なものが知性となる狭い意味での目的遂行のため、専門性を追求していく。水産、海洋、航海、運輸に限った学問の追求。学校で学べないものは自分で学べばよい、大学を出てからが学びの場である。

卒業してからまたは他の大学にて学ばれたら。仕事に必要ないものもいつかは役に立つ。経営はさておいて私にとって、ボーイスカウト、信仰の世界に、福祉の世界、地域復興、これらは仕事の余暇に勉強したものである。これらが魔法の手、見えざる神の手となって私を助けてくれた。

自分の本業と直接かかわりないものが、いつか目に見えない力で助けてくれている。経営コースで学んだ見えざる神の手、子どもの時に読んだ、世界童話全集、興味に駆られて読みあさった物が断片的に必要に応じて助けてくれる。

一〇人の学生に一人の教官という贅沢な経営コースは、棚橋先生だからできたこと、退官と共に消えていくのもやむを得なかった。その時の雑学がこれから必要になる。八〇歳になって。

人手不足より始めた正育者雇用も今は地域復興の大きな力となっている。

高齢人口の消滅と共に村や町が消える。日本語を話せる、障害者と言われる人々が、教育し磨くことによって光を発してくれる。

誰も目につかない所に宝があると、昔の雑学が教えてくれる。魔法の力、神の手である。これが知性なのである。深く潜って、空を飛べ。

## 一　なぜ水産経営コースは消滅したか

以下は、上坂が考えた、上坂の意見である。
（一）アメリカ・ハーバード大学留学の棚橋先生が精魂こめて作った経営学課程は、棚橋先生の退官と共に衰退していった。一五回生まで経営学課程があった。それ以降、共通講座になり、その後東京海洋大学になったときは完全になくなった。
（二）英語の選抜試験で、ある程度上位の生徒を吸い上げたことが、他の学科のねたみを買ったか。
（三）東京水産大学は、伝習所として八年、講習所として四五年。新制大学になって五年で経営学課程ができた。元々職業優先の学校が、知性を深めるアメリカ式大学になっていく。職業を深める大学に戻ろうとしたか。
（四）農水産業は生産量の衰退と共に六次産業化していく。つくる（とる）、加工する、売る。当社は福祉業まで取り入れている。
（五）昭和三〇年頃の大学進学率は二五％、現在は五〇％。一時期、高卒はブルーカラーと言われた。今は大学卒がブルーカラーのようなものである。トップに立って経営に従事するのは一握りの人でよい、大学も文系の知性より、より職業化していくようになった。
（六）政府の財政が危なくなった。一〇人に一人の教官は贅沢すぎた。水産経営課程も恵まれていた。私たちがたまたまよかったのだ。
（七）経営体のトップになるためには、幅広い知識が必要とされる。部下を教育することも必要である。
（八）私たちは一つの大学に入り二つの大学を卒業したようなもの。非常に恵まれていた。

二　**経営者革命を勉強して**

以下は、一九九〇（平成二）年頃書いた文章である。

今、世界で起こっていることは、地球の上から国境が消えつつあることである。

①物の国境

②人の国境（遅れている）

③お金の国境

以上の三つが完全になくなれば、誰を守るのか、何のための軍備かあほらしくなるだろう。領土の大きさは不経済であって何の得にもならない。

日本の北方領土も、国境が消えるのに領土が欲しいとは、おかしなことである。ソ連は、領土の大きさは不経済と感じて返してくる、お金で解決するかもしれないが今さら買う必要もない。お互いに利用しあえばよいことだろう。（尖閣問題もしかり。二〇一五年追記）

ソ連に今起こりつつあることを、いつか我々は見たことがある。今より四〇年以上前、植民地主義、帝国社会、大東亜共栄圏を夢みた日本帝国は、アジアの諸国より撤退した。それが今、武力なき経済戦争でアジアは潤っている。それに引きかえ戦争に勝った国、ソ連は今メタメタである。なぜか。ポール・ケネディの『大国の興亡』ではないか。経済力は進まない、軍備の経費は必要、抑圧された少数民族は今、独立に向かおうとしている。

言語も公用語としてロシア語を強制しているのは、戦前の日本語と全く同じではないか。ソ連の共和国が一つひとつ独立していく今、一番繁栄しているのは領土の狭い国々である。シンガポール、香港、台湾、日本。皆アジアであり、政府の介入の少ない国々である。

ソ連は、日本が四〇数年前にやったことをこれからやるのである。日本は軍部独裁から解放され、大地主から小作に解放し一党独裁に別れを告げた。アジアの各国から撤退した。

今、ソ連は各国から軍を引くと発表した（一九九〇年二月一二日）。複数政党にすることも発表した。

激動するソ連社会を見るにつけ、三〇数年前に学んだ「経営者革命」を思い起こしています。ソ連社会はこれからどこへ行くのか、我々もまたどこへ行くのか。この時期にあたって、三〇数年前に学んだ「経営者革命」をおさらいし、ソ連はなぜ間違ったのか。これからどこへ行くのか。日本の役割はどうなるか。我々日本経営者のあり方はどうなのか。一堂に会して話し合おうではありませんか。賛同の方は上坂までご連絡ください。現在古い資料を取り出し勉強いたしております。（二五年以上前、一九九〇年頃に書いたものである。新しい工場をつくって、一番忙しい時期であった。二〇一六年追記）

二〇年以上前に書いた文章である。世界より国境が消えつつある、と書いた。

①物の国境…一部の制裁国家（イラン、北朝鮮）を除いては自由である。（ＴＰＰ交渉）

②人の国境…ＥＵでは、ビザなしで自由に往来できる。日本への観光客は一〇〇〇万人を越えた。一〇年以上前、韓国に旅したが、その頃韓国人はまだ貧しくて日本に来ることはできなかった。

③資本、金の国境…一夜で金は世界を駆け巡る。最後に国境が残った。国家権力による政府の引いた国境である。日本と中国、日本と韓国とが争っている。日本とロシアとはいまだに争ってはいるが、そのうち共同管理の方向に向かうと思われる。

昔習った、「接触所有権」に対し「優先配当権」、共同管理しながら果実をとる、所有権である。

一九九一年、ソ連は崩壊した、今またロシア国内で民族紛争的テロが起こっている。中国ではウイグル地区で同じことが起きている。二〇年以上前のソ連崩壊を見ると、中国、北朝鮮の共産主義的一党独裁的強権国家の滅亡もそう遠いことではないように思える。中国共産党は名ばかり、資本主義体制になっている。

※「接触所有権」と「優先配当権」

六〇年以上前の「経営者革命」の勉強の中で、「接触所有権」と「優先配当権」という言葉が出てきます。

今の政府も国際紛争において経営者と見なしたらどうだろうか。所有権を主張しない新しい方式、優先配当権を目指す。共同管理所有が目的ではない、投資をしてそれより生まれる果実を投資金額に応じて、金で買い取ればよい。島を所有したい人（国）、資金を投じて収穫物を得たい人（国）、紛争の地点を共同管理し、投資金額に応じて収穫物を買い取る権利を有する。

武力による接触権利をとるやり方は、ふさわしくない。それを守ることにより余分の武力の行使、人命の無駄を避けねばならない。

## 三　次のものも棚橋先生の「経営者革命」を勉強して学んだもの

〈接触所有権と優先配当権〉

「接触所有権」は、国、政府が地図上に線を引いて、国が直接管理しているということを他国に、外国に認めさせるものである。多分に武力、戦力の裏付けが必要である。

植民地政策がこれである。他国に進出して他民族を自国の民族と同化しようとする。言語も自国のものを使わせる。

「優先配当権」は、直接の所有権を持たないが、結果として所有しているようなことになる。果実をいただく、民主的で争わない、投資はする、経営に参加する、平和であり、知恵を使う、経営者革命の目指すところである。資本家と労働者の対立も少なくなる。国と国は争わない。棚橋先生はこれからの社会は経営者が管理する社会となると言われた。

資本家は株式を持ち、資本家の代理として経営者が管理運営する。経営者も労働者も株を持ち配当を受ける権利を持つ。

〈富国強兵、植民地政策〉

（イ）植民地主義の標的になっていた時代

一八五三年、ペリー率いる米国の黒船がやってきた。ＮＨＫ大河ドラマ「花燃ゆ」の時代、日本の平和のために国を鎖国していた徳川幕府との政権交代のクーデターの結果、明治新政府ができました。その経過の中で日本人同士が戦いました。

長州人（山口県）と会津人（福島県）が戦いました。今は仲のよい兄弟です。

明治新政府は富国強兵の政策を進め、欧州列国の真似をして植民地政策を進めます。その頃の東南アジアはヨーロッパ、アメリカの先進国の植民地になっていました。

インド↕イギリス　　中国↕ヨーロッパ諸国（ホンコン、マカオ、遼東半島）

ベトナム↕フランス　　インドネシア↕オランダ　　フィリピン↕アメリカ

日本は台湾、韓国を統治して日本国そのものにしました。神社をつくり日本語を教えました。移民政策で満州国をつくっていきます。皆、他人の国、民族です。武力で戦争で植民地としていきました。私の国民学校の時代の地図には満州、台湾、韓国は赤く塗られていました。日本の一部でした。

経営者革命では接触所有権と言っています。武力で侵略したものです。日清戦争、日露戦争で血を流して戦い取ったものです。

（ロ）植民地主義の終了

一九四五（昭和二〇）年八月一五日、日本国は終戦を発表しました。事実は敗戦でした。国民、マスコミはそれを許さず終戦としました。憲法は今後一切戦いをしないと誓ったのですが、いずれまた始めるかもしれないがとりあえず終わりとしよう。全ては敗戦国となる日本がアメリカの意の通りになっていることです。今の集団自衛権につながっています。

東南アジア、満州、韓国、樺太、全ての植民地を放棄して、四つの島と小さな島々となりました。そのうちの北方領土の千島、ロシアとの間で平和条約が結ばれていません。竹島、尖閣諸島がいまだ争っています。すべての人々が他国より、植民地より引き揚げました。植民地政策の終了でした。

七〇年が経過して、今日本人は四つの島に閉じこもっているのでしょうか。
（八）優先配当権
七〇年経過した今、日本人は何をしたか。

中国では何万社、タイで約四〇〇〇社、ベトナム、カンボジア、インドネシア、多くの日本企業が進出して世界第二、または第三の経済大国になっています。

土地、人民を占領しなくても、言葉が違っても経済大国になれるのです。それは物の自由化、金（資本）の自由化、人の自由化で平和が国境をなくしていったのです。

戦後の一九五一（昭和二六）年、日本人はまずアメリカを中心に四八か国とサンフランシスコ平和条約を結び、正式に戦争状態を終結しました。賠償金を支払うことはありませんでした。むしろ国連（ユニセフ）より援助を受けました。

一九六五年（昭和四〇年）韓国と日韓基本条約を結び、援助資金を支払いました。朝鮮動乱後の復興に大きな役割を果たしました。韓国の戦乱で日本の景気は浮上しました。一九七八年（昭和五三年）には日中平和条約を中国と結び多額の援助資金を支払っています。その他の東南アジアの国々にも、賠償という名前ではなくODA、無償援助、円借款という名目で多くの援助をいたしました。その結果援助、投資という名目で多数の企業が進出していきました。戦前の八紘一宇、大東亜共栄圏という名前が姿を変えてでき上がったのです。今の中国の繁栄も戦後の日本人の努力の結果です。

中国、韓国は恨みだけを言っています。随分と良いこともしているのです。

これからの日本人の世界制覇もまず、他国に援助することです。

土地も自分のものにする必要はありません。資金を投じて相手国を喜ばせ、会社をつくって経営を教えて、その結果でき上がった果実を受け取るのです。これが優先配当権なのです。

〈菩薩立国、布施立国〉

中国が今、最後の植民地政策を行っています。ウイグル、チベットの同化は植民地政策そのものです。南沙諸島への進出、紛争も何ら変わりません。最後の植民地政策です。

これからの紛争解決は、優先配当権の政策です。紛争の地域は共同管理して、領土の欲しい国がその国の国民を使って開発する。

金のある国は金を投資して、結果として実った果実を、金を払って購入すればよいのです。戦前の日本は富国強兵で、戦争のために資源（石油、鉄鉱石等）が欲しかった。油の一滴は血の一滴と言って戦争に突入しました。

資源が比較的余裕があるときは物の自由化、金の自由化、人の自由化で問題がないのですが、昨今のように中国のレアメタルが少なくなると、物の自由化が制限されます。また昔に逆戻りします。

資源が少なくなれば高い金を払って買えばよいのです。または知恵を使って合成金属をつくればよいのです。

戦争をして人を殺し合うことはありません。石油が少なくなり、一バレル一〇〇ドルになったので、多少高いけれどシェールガスという代替え品が出ました。石油が元に戻って、シェールガス開発で倒産が出ています。（二〇一五年、石油は五〇ドルを割ってきました。）

資源のために愚かな戦争は止めましょう。お互いが話し合い共同管理して、まずお金を出して共同管理、話し合いの後、果実を金を出して買い取る。それが優先配当権であり、先に金を出していく、菩薩立国であり布施立国です。まず弱者を助けましょう。デフォルトのギリシャを追い詰めるのでなく、教育して、金を貸して、平和のうちに解決しましょう。もう戦争はやめましょう。

今、小さな島で争っている中国、韓国、日本もお互いに共同管理して、投資して果実を分け合うことをすれば、五〇年後には仲間、兄弟国となります。一五〇年前に日本国内で戦った長州、会津が今は兄弟、日本人であるように、中国、韓国、日本はアジア人になって一〇〇年後は地球人になりましょう。他を助け合う国々になることです。戦争は止めましょう。守るということは攻めるにつながります。

アベノミクスの経済大国になることが戦争を引き起こすことにつながっているようです。もっと人類は賢くなりたいものです。

アベノミクス・デフレを抜け出し経済を発展させる。安倍首相は積極的に外遊を進める内に、力、武力が欲しいという。アメリカと仲良くする、負けた国が勝ったアメリカを利用する。

マルクスについて興味深いのは、鎌倉孝夫氏と佐藤優氏の対談「金かお命か」です。棚橋先生の教えが導いてくれました。マルクスを避けてジェームズ・バーナムの話し合い、協調の世界、経営者革命へと、金持ちと貧乏人（労働者）の構図からより良き方向に。下層世界に教育を。

一般的に高い理念より目先の金に弱い。安保法案と金儲けを一緒にくって法案を通す。目先の金には弱い、つい遠くの命を犠牲にしてまで、今の繁栄を、目指す。

もっと遠回りして、世界の困っている人たちのためにもう一回汗を流そうではないか。武力でなく、布施することによって、こぶしを振り上げるのではなく握手することから始めよう。

結局資本主義は、命を捨ててでもお金を追い求めるようです。

高い理念より目先のお金が必要なのです。八月一五日を目前に原爆の話がそれを打ち消しています。八月一五日を思い出し、天皇陛下のお言葉「忍び難きを忍び、耐え難きを耐えて」世界の難民のために何ができるか考えたいものです。

資本主義は人間の欲望と命との戦いの中から生まれたものです。

釈尊の説いている小欲知足の考えでこの世界を日本人が導いていかねばと思います。釈尊は、今から約二五〇〇年前、自身の民族シャカ族の滅亡を横目にして、二五〇〇年後の世界を救おうとした人です。

## 四　これまでを振り返って

棚橋先生はよい所を就職先として選んでいただいた。はじめはそうは思わなかった。しかし今八〇歳になって、本当によかったと思う。就職先はできて二年目、先輩たちが苦心して造ったばかりのほやほやでした。この会社（今のノースイ）の成長と共に私も成長してきました。

太洋農水産株式会社は先輩の坪谷芳三郎氏と岡本吉博氏の造ったばかりの会社でした。大阪卸売市場内で安価な魚を冷凍して、主にアメリカに輸出する会社でした。

四年上の先輩、石本和氏が全て手取り、足取りして教えていただきました。水産大学卒業に本当にふさわしい職業でした。扱った魚種は、キハダマグロ、ビンチョウマグロ、メカジキ、シイラ、食用蛙、錦海老、ウチワ海老、煮むき海老、煮ダコ、メルルサフィレなど、安価な魚をすべてアメリカに輸出しました。急速凍結をして表面を氷水でグレージングをして小さいものはポリ袋に入れて、ダンボール箱で輸出したものです。

一九七三（昭和四八）年、大阪万博の後には為替の変動で一ドル＝三六〇円から二六〇円くらいになっていく。輸出はだめになります。新しい商品、仕事を見つけねばなりません。先輩方は輸出から輸入に転換していきました。海外から海老を輸入します。冷凍野菜を輸入します。私は自分の仕事がなくなります。国内向けの冷凍食品に切り替わります。一時的に、生産管理室の仕事をやります。この時初めて海外に出る仕事が回ってきます。ヨーロッパ先進国の冷凍食品の視察旅行でした。イギリス、フランス、ドイツ、スイス、スウェーデンといった国々の冷凍食品の品質管理を学びました。その後本社で、エビフライ、白身フライ、カキフライ等の製造工場の管理をする仕事でした。

その頃、工場から離れて少しばかり時間の余裕があったので、長岡京市に居住して、京都のボーイスカウト運動に参加しました。長男をカブスカウトに入れて、私はボーイスカウト、シニアスカウトの隊長を経験し、五月の連休を利用して那須の実習所に入所しました。このことが後半の人生に大きく役立つことになるのです。

今、大学の文科系の部門を縮少したり、水産大学が商船大学と合併して東京海洋大学となったりしている。そのあおりで文科系の経営コースがなくなっていく、今必要な学問が知性であり、直接必要としない学問は反知性と言われてなくなっていく。

後半の人生で、長男の教育のためにやってみたボーイスカウト運動が、知的障害者（正育者）の雇用に関わっていくことになります。

一九八二（昭和五七）年、四七歳の時、山口県徳山市戸田の八木水産冷凍食品工場再建のために出向し、八木ノースイをつくります。一九八七（昭和六二）年より人手不足のため、知的の正育者雇用を始めます。二〇〇三（平成一五）年には同社を解散して（株）カン喜をつくります。二〇〇六（平成一八）年、特定非営利活動法人周南障害者・高齢者支援センター、二〇〇八（平成二〇）年、就労継続支援施設よろこびの里をつくります。

反知性と言われるような、今は必要とされない学問が役に立ってくるのです。知的の障害の子たちを教育して一人前にする、国、市、県から援助資金が入る。経営上難しかった冷凍食品工場も軌道にのってきました。

一九八二（昭和五七）年、大阪より徳山へ家族五人で転出してきました。八木水産冷凍食品工場立て直しにはかなりの時間がかかるだろうと、身を埋めるつもりの転出でした。ここで立正佼成会とつながります。正式な仏教を教えてもらいます。これも反知性の教えでした。どんな人も同じ人格を持つ平等な人です。動物もまた知性と徳、相を持つ生き物です。仏教を学ぶことで、私の「ものの考え方」が大きく展開していきます。反知性です。

佼成会に入ったことで海外へ行くこともできました。第一回目は一食運動で、タイ、カンボジアでした。食事を抜いて、そのお金を貯金して開発途上国に佼成会が援助するのです。タイの貧民を援助する団体、カンボジアではポル・ポトの虐殺の後の光景を見ました。資金は井戸を掘るためにユニセフへ贈られました。その時アンコールワット、アンコールトムも見ることができました。

第二回目は韓国へ行きました。安重根の記念館へ行きました。伊藤博文を暗殺した、韓国では英雄です。ソウルの立正佼成会で我々の先輩がご迷惑をかけて申し訳ないと詫びてきました。

第三回目は中国の北京、南京、上海の独立記念館でした。日本軍の行った迷惑行為（侵略）への詫びの旅でした。

第四回目はローマのバチカンでした。教皇パウロ二世と共に世界の平和を祈り、その後ポーランドのアウシュビッツを訪ね、人類の犯した犯罪行為を詫びてきました。

仏教を学んだことによって、インドの旅も二回行きました。一回目は釈迦の足跡をたどり、誕生（ルンビニ）から修行（前正覚山）、成道（ブッダガヤ）、弘法の地（ベナレス）を訪ねました。二〇一五（平成二七）年一一月二五日～の一週間、二回目のインドの旅は、タージマハール、サンチーの仏跡、アジャンタ、エローナの石窟でした。その他、ブータン、ウズベキスタンへも行くことができました。私の仕事から言えばなんら関係のないことです。反知性です。
ボーイスカウト運動といい、宗教の話といい、直接仕事に関係ないことに興味を抱いてお金を使ったのです。

冷凍食品の製造だけでは採算がとれなくて、福祉の世界に助けを求め、正育者の雇用も九〇名を超えてきました。この後、いつまで生きられるか分かりませんが、この若い人たちを教育して、介護の資格を取らせて介護事業にも挑戦してみたいです。

私の住んでいる、戸田、湯野、夜市、福川の地は高齢者が多く、町が寂れていきます。空き家を借りて寮をつくり、若い従業員の社宅にします。その後障害の子たちが老人になれば介護事業も行います。若い障害の子が年老いた先輩の面倒を見るのです。こんな発想も、子どもの時数多く読んだ世界童話全集の物語から、いろいろな反知性と思われる勉強が後押しして更なる事業を展開していきます。

世界を旅していろいろな経験が役立っていきます。

大学で学べる四年間は、あまりにも短いのです。大学は全容を、山を、海を見せてくれるのです。後は自分で勉強するのです。見えざる神の手が後押ししてくれます。知性も、反知性もありません。

## 五　鶏口となるも、牛後となるなかれ

経営コースを出たからには商社に入って英語を使いたかった。

綺麗な英会話の女の先生がいて漫画チックな本を使って教えていただいた。Breakfast on the table. の訳は「朝食ができましたよ」。今でも頭に残っている。棚橋先生に商社の受験のチャンスをいただいたが落ちてしまった。

先生の紹介で大阪の商社に入社しました。大阪中央卸売市場内で魚類を買い付け輸出する会社でした。入社した時の保険証番号は「八」でしたから、皆で八人の会社でした。長靴を履いて、前掛けして、包丁持って、シイラ、メカジキと取り組んだものでした。人との会話が上手でなくて今でもノースイの相談役（岡本さん）と一年に二回お会いするのですが、「お前はどんくさい奴やったなぁ」とお褒めの言葉を頂いています。そんなわけで、いつも現場で労働者と共に育ちました。

大きな工場をつくってもらい、工場長となり四五歳の頃、徳山の下請け工場に出向して人集めに苦労しました。株で一儲けしたり、奈落に落ちたりして底辺を自分で、自分の考

えで苦労して、自分の会社をつくってきました。事実は後で支援していただいていたのですがなかなか気付きませんでした。

三〇年前から人手不足より、正育者の人たちと関わって現在は二つの法人で九〇名の人たちのお世話をしています。一〇〇歳まであと二〇年、障害の人たちを正育者と呼んで数多くの人を雇用し、沈みゆく村や街を再興しようと頑張っています。

入り口は少しばかり不本意でしたが、この会社と最後の最後まで心中するぞ、との意気込みで岡本社長についてきたものです。気づいてみれば、自分で思うようになる自分の会社をつくっていました。

資金繰りにも困ったし、親会社から一〇〇〇万円の退職金をもらい、障害の子たちの給料を株券に変えたり、大学の学友から資金を集めたり、振り返れば楽しい思い出になりました。

一生涯一報恩、生まれてこられたご恩返しに、何か良いことをさせて頂こう。

正育者の教育。空き家を借りて寮にする。役に立たないかき殻を拾ってきて容器にして、再生して殻付かきグラタンを作ったが、かき殻トレーにもならない格外品は粉砕して肥料にならないか。夢は広がります。人に言われて働く人間でなく自分の夢を自分の力で実らせていく立場にいつの間にか立っていました。

北陸、福井の雪国で育ったことがよかったのか、辛抱強い人間になっていました。大会社の商社に入っておれば六五歳定年、今頃は楽隠居で悠々自適の生活だったでしょう。厳しい道を我慢強く歩いてきたからこそ、さまざまな人たちとの触れ合いがあり、見えない良さが見えてきました。

あと何年生きられるか、夢の実現のため生きることを楽しみます。

## 六　深く潜って大空を飛べ

昔より、「井の中の蛙大海を知らず」、木を見て山を見ず、仕事馬鹿になるな、とか色々表現されている言葉がある。六〇年前に学んだ大学でも一年、二年に教養課程があり、三年、四年はそれぞれに専門に分かれていった。

私たちは水産、海の全容を見せてもらい、経営という道を選んだ。東京水産大学水産経営コースの同窓会を通して、皆がいろんな道を歩いてきたことを文章にして見せていただいた。そして知ったことは、我々の歩いた経営コースは時代の要望により、生まれ、予算が取れないということでなくなっていった。多分贅沢しすぎたコースであったがために棚橋先生の退官と共に消滅したものと思います。

予算が取れなかった理由づけに知性、反知性という言葉が出てきている。私たちの判断によると、今必要なものが知性であり、直接利益に結びつかないものは反知性であるというこじつけのように思える。

〈大学は「水産とは、海とはこんなものだ」という全体を見せてくれた〉

卒業して、皆必要に応じていろいろ勉強した。人によっては水産、海とは関係のない職に就いた人もいると思います。しかし経営の勉強はどの職種にも通ずる教えでした。「入るを計り、出ずるを制す」の教えでした。私たちはお金に関わる基本を学びました。それが資本主義でした。経営学を通してお金の性質を学び、仕事を通じて、お金の運用をしました。専門、技術に偏ると経営に迷いが生じ、倒産に至る場面も出てきます。

沢山登りで、道に迷った時は沢に下りるより尾根に上がって見晴らしのよい所を探す。沢は技術、専門分野であり、尾根は人と人をつなぐ経営であると思う。迷った時、技術専門に頼るだけでなくいろんな異見に接してみる。人と人とのつながりで解決の道が見えてくる。

会社の経営となると、技術、専門は詳しい人に任せ、人を信頼し、頼りにして全体をまとめていく。知性は技術、専門、反知性はいつか助けてくれる雑学である。

予算がないから、経営コースがなくなる、予算がないから、もう二つ目の大学には進学できない。私たちの学んだ経営コースは、贅沢な課程、コースでした。一つの大学で二つの大学を卒業したようなありがたい大学を卒業したのです。

今、八〇歳になって採算の取れにくい農業に取り組んでいます。地元の農家夫妻とタイアップして知的、精神の正育者たち十数名で、大変な農業に手を出しました。山口県の山間部の農業は、コンビナートで働いて土曜日、日曜日を田畑で暮らす、片手間農業でした。その人たちが八〇歳を過ぎると誰も農業をやりません。先祖から預かった大切な土地を守るための農業でした。

六〇年前に学んだ経営学を利用して農業経営を思いつきました。

合理的な採算の合う農業経営です。そのためにはただ、働くだけでは意味がありません。そこで私は福祉、教育の力を借りて、荒れる田畑の再生を考えました。

(株)カン喜で、すでにかき殻を容器として再利用し、かきグラタンを開発しました。グラタンには玉ネギを多く使います。今までは九州雲仙のふもとで取れた有機農法の玉ネギを買っていました。この玉ネギを自社グループ、就労継続支援A型事業所「よろこび」で作りだしました。今は七万本ほど植え付けています。まだ必要量の三分の一くらいです。次に夜市名産の里芋の仕事を農家より譲り受けました。大根を作って、「たくあん」製造も引き継ぎました。お米も作るようになりました。よろこびグループの中で給食弁当も一日七〇食作って、社員が利用するようになりました。

採算の取れない農業ですが福祉と教育業のドッキングにより採算が取れるようになりました。しっかりした地についた農業経営を行います。夢はふくらみます。近くの道の駅「ソレーネ」に出店するようになりました。今は年間の農業売り上げは五〇〇万円くらいですが、とりあえず一〇〇〇万円を目標とします。六〇年前の経営の勉強が役に立ちました。子どもたちの教育については四〇歳台で学んだ、ボーイスカウト運動が役に立っています。

精神に病のある人は太陽の下で、畑で働くのが何よりです。

今、山口県の中山間地は、若い人はより便利な市街地に家を建て、高齢者は取り残され、そのうち空き家になっていきます。その空き家を利用して、障害の子を住まわせ早い年齢、二〇歳代で自立させようと思い立ちました。

二〇一六年現在、利用者（正育者）は、（株）カン喜で三五名、よろこびで六五名、目標の一〇〇名となります。これからは寮に住まわせ今までの家庭の過保護から解き放ち自立の精神を養わせます。二〇一五（平成二七）年四月、一軒目の寮をつくり、二〇一六（平成二八）年一月に四人が住み込みました。今年（二〇一六年）には二軒目の寮をつくります。いずれ、この子どもたちの一部で能力のある人に介護の資格を取らせます。そのうち、現在一〇〇人の利用者は六五歳になれば仕事の場がなくなり国からの給付金もなくなります。その時は高齢者のボランティア的仕事を用意します。八〇歳くらいまで仕事の場を作ります。

若い利用者が介護の資格を取り、高齢の先輩の面倒を見るのです。この一連のサイクルを作り、保護者の方に安心してもらいます。そのうち利用者の両親を介護する施設にもチャレンジします。福祉的、社会的、家族、集団を作っていきます。

## 七　鳥のように、大空を飛べ

夢はふくらみます。いつまで生きられるか分かりませんが、若い人たちに目標だけは作ってやりたいと思います。

私自身もこれまで抱いていた多くの夢をかなえてきました。

（一）より多く世界を旅する。中国（西安）。
（二）若い人（中間管理職）を教育する。
（三）雇用、寮を利用して地域振興を企てる。
（四）寮、教育で自立を企てる。
（五）介護事業にのり出す…家族集団へ。
（六）世話になった東京海洋大学に、肩入れ応援する。
（七）東南アジアへ目を向ける。

# 第四部　西安を旅して

# いつも仏様と一緒（二〇一七年執筆）

## もらい子

昭和一〇年五月六日、生まれた時はすでに三人の兄がいました。岑夫、慎吾、晴夫です。四人は多いので、また母の実家にはまだ子がいないので、もらい子に出されました。牛ノ谷、谷本家でした。思い出に残るのは、てつ婆ちゃんとのことでした。仏壇の中に隠れたり、仏具磨きの邪魔をしたり、記憶にあります。

三歳の時、実家に戻ります。春と秋の農繁期には、両親が実家を開放して歓喜託児園を開園。無償の慈善事業でした。後年、会社創業の時は「歓喜」の名前を頂きました。

吉崎詣り、隣村に吉崎があり、春には京都より「蓮如さん」の絵像がリヤカーで、徒歩でやってきます。四月二三日～五月二日まで、市が立ち御説法があり、賑やかです。

小学校高学年、中学校の頃は弁当を作ってもらい、仲間と五〇円位の小遣いを持って遊びに参りました。映画、サーカス等が来ました。お山の広場では、大事なお経本を、腹をさいて火事から守った、お坊さんの話を聞きました。

私が中学生の時、兄・岑夫は中学の教員で、ボーイスカウト運動の隊長をしていました。私も隊員にしてもらい、ハイキングやキャンプを通じて他人様を助けることを学びました。高校生、大学生の時は、興味を持って、仏教書をよく読みました。

卒業後、大阪より、仕事の関係で徳山へ家族五人で引っ越しました。

一九九五（平成七）年より立正佼成会・徳山教会で仏教の本格的な勉強に入ります。その頃より、さらに積極的に正育者雇用を行っていきます。

人のお世話はするように、
人の世話にはならぬよう、
そして報いを求めぬように、

カン喜〝よろこび〟の朝礼の最初の言葉です。

**一二〇〇年前を振り返って**

父親は私に道麿と名付けました。道は、菅原道真の道です。麿は、坂上田村麿（麻呂）の麿です。文武両道、期待を込めて名付けていただきました。

父は「細呂木村誌」を兄弟に遺してくれました。細呂木村は、一二〇〇年前は奈良・興福寺の荘園でした。その頃に生きた人たちがどんな生き方をしたか、その人たちに負けない生き方をしようと常に頭の中にありました。

菅原道真は和歌に優れた人でした。父から教えてもらいました。

「東風《こち》吹かば　思い起こせよ梅の花　主《あるじ》なしとて　春な　忘れぞ」

その時代には、空海さん、最澄さん等、名高いお坊さんもおられました。

その人たちに魅せられて、中国へも二度参りました。

最初は二〇年も前になります。第二次世界大戦のお詫びと御寺参りでした。

北京、上海、南京、天台山。天台山は天台宗の最澄さんです。比叡山です。

第二回目は今年、二〇一七（平成二九）年四月、西安の旅でした。空海さんです。

**法の華**

立正佼成会に入会して法華経を知りました。この教は学べば本当に分かりやすい教でした。理論通り、生活に役立ちます。実践の教えです。

①物事全ては変化します。生まれたら死にます。知的の正育者も磨けば光ります。

②独りではありません、常に誰かがいて助け、助けられる世界です。

知的の正育者が多くいて農業が助かります。
③この二つのことを知れば、何の心配もありません、天国です。極楽です。
滅び行く農業も知的な正育者の力を借りて村興しです。
「三法印」といいます。

## 夢をかなえた、西安への旅（二〇一七年執筆）

### 西安に行きたい

中国・西安への旅は、かねてからの念願でした。
（一）なぜ？　出生の秘密↓坂上田村麻呂（麿）と菅原道真より、父は私を上坂道麿と名付けてくれました。
（二）坂上田村麻呂の時代（一二〇〇年前）を勉強する。坂上田村麻呂は郷土の偉人、征夷大将軍である。
（三）出生の地、越前国の細呂木は興福寺の荘園であった。
（四）我が先祖は北陸の地で布教した親鸞聖人、蓮如の教えを受け継いでいる。仏教の教えで、一九三四（昭和九）年、両親は歓喜託児園を開園した。大東亜戦争が始まる前のことでした。私は一九三五（昭和一〇）年の出生です。

（五）一二〇〇年前の空海、最澄のこと。

（六）一二〇〇年前、奈良の都より長岡京へ、そして平安京に。一時、長岡京市に居住。

（七）仏教伝来の地である西安に行きたい。

（八）行く前に、約一二〇〇年前の中国と日本を勉強した。

**二〇一七年四月一四日～一八日　念願の西安に行ってきた**

（一）空海、弘法大師のこと。

西安の青龍寺は、四国八八カ所の零番札所、スタートの地。ゼロから始まって、四国八八カ所・御遍路のスタートです。

（二）インドは、仏教の原点。

釈迦を訪ね、これまでにインドを二回旅してきました。一回は釈尊の出生より、ルンビニ、霊鷲山、ベナレスをめぐりました。その後ウズベキスタン、ブータンへも旅しました。

（三）西安に行ってきた（仏教の来た道を探ってきた）

| 唐　→　李淵<br>中国（長安）六一八年 | 年代 | 日本<br>奈良→長岡京→京都 |
|---|---|---|
| （唐）律令法 | 618～907年 | |
| 均田制　律令国家　租調庸制 | 630年 | 犬上御田鍬　初・遣唐使 |
| 唐の軍→ | 663年 | 白村江の戦い、敗れる |
| 律令体制 | | |
| （律 令 格 式） | | 奈良、南都六宗 |
| → | | |
| 科挙制　→　官吏登用 | 688～763年 | 唐僧・鑑真　唐招提寺 |
| 農民支配　　　均田制 | 668～749年 | 行基　用水、交通 |
| ↓ 口分田　　永業田 | | |
| 租調庸制 | | 山上憶良、大伴家持 |
| | 758～811年 | 坂上田村麻呂・征夷大将軍 |
| | | 胆沢城→志波城 |
| 雑賜　／　課税 | | アテルイ（対抗者） |
| 兵農一致　→　府兵制 | | 桓武天皇 |
| ↓ | | |
| 幕兵制 | 784年 | 長岡京 |
| | 794年 | 平安京　　約400年 |
| 冊封体制と朝貢貿易 | | |
| （中国の官爵を与え君臣関係） | 767～822年 | 最澄→天台宗　　比叡山 |
| | | 空海→真言宗　　高野山 |
| 唐詩→ | | |
| 李白、杜甫 | | 班田収授法と農民：人民と |
| 仏教→ | | 戸籍、計帳、50戸ずつの里 |
| 玄奘（大唐西域記） | | →国分田　6歳以上の男女 |
| 義浄（南海寄帰内法伝） | | 国家支配、徴税の対象 |
| | | 租………30％の稲 |
| | | 調・庸…絹糸、布 |
| | | 雑………日数を限って |
| | | 奉仕労役 |
| | 845～903年 | 菅原道真 |
| | | 「東風（こち）吹かば思い |
| | | おこせよ梅の花 主（ある |
| | | じ）なしとて春な忘れそ」 |

約1200年前の中国と日本

三蔵玄奘ゆかりの地である青龍寺（空海の記念碑がある）、法華経の翻訳を行った鳩摩羅什の墓がある草堂寺を訪ねてきました。

西安を旅して、二〇年前に北京、上海、南京の独立記念館を見て回ったことを思い出す。北京の通勤の有様は自転車部隊が有名だった。今はドイツやアメリカの有名な自動車が西安の街を走り回っていた。トヨタの車も走っていた。

二〇年前は立正佼成会での謝罪の旅だった。各地の独立記念館を回って先の大戦で亡くなった方々への、慰霊の旅でした。

西安の人口は八〇〇万人、上海は二〇〇〇万人とも三〇〇〇万人ともいわれる。

中国は今、こんな（西安のような）都市が三〇〜四〇くらいあるという。人口一三億人、国内総生産は世界第二の経済大国になった。しかし人口一億一〇〇〇万人の日本の国内総生産は中国と同じくらい、人口一人当たりの所得から見れば、中国は日本人の一〇分の一である。西安はトイレも街もきれいであった。

次の旅は遼東半島、旅順や奉天、ハルピン、昔の満州を見てみたい。

中国は二〇一二年、昔を思い出して反日運動、尖閣諸島で日本と争った、航空母艦も作るという。今更戦争はないぜ！

経営上、戦争ほど無駄なものはない、いつ使うか分からない武器、人員を戦争のために用意する、無意味なことである。

日本は少しずつ防備のために国家予算の一％を軍備に使っている。憲法上は違反である。アメリカの傘の下でうまくやってきた。

北朝鮮ほど愚かな国はない、一般国民は本当に困っている。平壌一都市が栄えて国民は貧困の極みである。先は見えている。

西安は八〇〇万都市、東京、大阪に近い都市だ。福岡は八〇万人、周南は一五万人。今は四〇階建てのビル、居住用ビルの建設ラッシュである。

外車も有名ブランドが走り回っている。

中国は成長率七％を割ると危ない。外貨準備高も三兆ドルを割ってきた。

日本人は戦後、田中角栄、周恩来の話し合い以降、随分と中国に投資した。

この三年間で愛想をつかして投資を引き揚げている。それが外貨準備の激減につながっている。バブルはいつはじけるか、この先どうなるか。そんなことを考えて帰国した。

文化遺産、秦の始皇帝の兵馬俑が多くの人を集めていた。二〇〇〇年前に造ったものが金になる。観光が金になる。これが資本主義か。人間の欲望、資本主義。

随分と変わっていく。今までは衣食住の中での金の循環、そしてその中でインフレ・デフレがあった。デフレ解消のために災害があり、戦争があった。

今までは衣食住での物資が行きわたると、デフレになって世の中が衰退する、出口が見えなくなる。今は変わった。人は金をどう使うか、考えだしたのは観光である。旅行業である。昔は衣食住での物があふれると不況になった。

今は、衣食住以外での金の使い方を見つけた。

お金、信用も国の定めをはずして、ビットコインとかいろいろな信用を国の規則なくして作り出した。そしてそれらを衣食住以外の物に使い出した。それが、行き詰まった資本主義の突破口だった。

ゴルフ競技の勝者が何億円という賞金を稼ぐ。野球の選手も、その他スポーツの選手も所得が増え続けている。音楽の世界、娯楽の世界、スポーツの世界、観光の世界、宇宙観光、将棋の世界、人間は資本主義の行き詰まりを見事に解決した。その上生産に関わりない、国の規制を受けないビットコインまで作り出した。人間の神技か。

信仰の世界も金を使う。

教団が一般大衆から金を集めて、世界の困った人たちに物資（毛布など）を贈る。

人間の英知が不況を打ち破っていく。

自分のためでなく、他人のために金を使う。

今までの資本主義の行き詰まりが、仏教の教えで突破口を見つけた。

土地や島がなくてもよい、あれば防衛に金がかかる、他人の国に自由に入り込める平和をつくればよい。

今、東南アジアで病院業をやろうとしている。土地がなくても平和があればよい。

**二〇一七年四月二七日　中国の友への手紙**

宋艶麗さんへ
すばらしい中国西安の旅、ありがとうございました。
①中国、上海、西安の空港の規模の大きさ、まずびっくりしました。
②夜、西安上空より見た市街の光影、ピカピカ光る赤の宝石のかたまり、周囲の暗黒の中で西安市街の光のシルエットに感動しました。
③古いもの。始皇帝の兵馬俑、古い遺産が観光の対象となり、お金の対象となる。多く

の仏教寺院、特に私の日常生活を支えている法華経の教えを残してくれたことに感謝します。

④宋さんの日本語の通訳、私の知識に反応して答えてくれる内容、日本での識者との会話となんら変わりませんでした。次のものを贈ります。

Ａ　西安、旅の写真集

Ｂ　お寺の赤印影

Ｃ　法華経の経典と教（立正佼成会のもの）

Ｄ　『東京水産大学　消えた水産経営コース』

六〇年前に学んだ、資本主義と経営者革命について記した本です。

宋さん、機会をつくって日本に来てください。

中国は師の国です。中国があっての日本です。

日本は世界中の人に喜んでもらえる国になります。三年後には東京オリンピックです。

ただ一人の中国の友に

平成二九年四月二七日

上坂道麿

西安・草堂寺にて（左から、妻・和子、著者、同行の西田、池添）

先日は楽しい旅ができました。

旅に出るとなれば、やはり、西安のガイドさんは、どんな人かなと思っていましたが、日本語が上手なのと、お顔も日本の方のように見えたので、びっくりしました。

中国は大国。高層ビルがすごいですね。

古代歴史等の世界遺産、いろいろ勉強になりました。

思い出深い五日間の旅でした。

お身体を大切に、これからも、お仕事頑張ってください。

上坂和子

## 正育者と呼ぼう（二〇一七年執筆）

### 教育によって人は育つ

教育の理論とは釈尊の教え（仏教）を学んでたどり着いたものです。生涯を通して障害者雇用の中で、障害者という名称を正育者という名称に変えたいと思ってきました。

障害者という呼称については常に思っていたことがありました。障は障子の障、遮るもの。普通人とは違うということ。害とは耳ざわりな言葉です。

普通の人にとって害虫とか、害をなす人とか、やはり嫌な言葉ですが、この言葉が長い間お役所言葉としてまかり通ってきました。

私はまずこの言葉の呼び方から変えてみたいと思います。

「障」の字…普通の人と異なる人

↓

「正」の字…発音は同じ〝しょう〟ですが、意味は全然違います。イメージは正反対です。

こんなイメージを「よろこび」の利用者に与えたいと思います。

仏教の言葉に八正道という言葉があります。素晴らしい生き方です。
正しい↓正見、正思、正語、正行、正命、正精進、正念、正定（八正道）
「害」は「育《いく》」に置き換え、二つの意味を込めます。
（イ）利用者を「育てる人」（支援員）
（ロ）「育つ人」八正道を行する人に育つ人、利用者本人
「正育者」。こんなに素晴らしい言葉はないと思います。

さあ、みんなで「正育者」。

大きな声で、やさしく堂々と呼び合いましょう。


平城京（奈良）より長岡京（約一〇年）から平安京（京都）へ。

約一二〇〇年前、桓武天皇（七八一～八〇六）の時代、中国・唐の律令政治が日本でも行われました。布告、法律で日本全国を統治しようとしました。

京都から遠い東北の地では、簡単にはいかなかったのでしょう。

征夷大将軍の坂上田村麻呂は東北に向かいます。そこに言うことを聞かない反抗者、アテルイがいたのです。どうにか捕らえて京都まで連れてきました。

天皇に助命を願うのですが、認められず斬首されます。そのことが気にかかり、八〇歳を前にして、東北に行ってみたくなりました。

征夷大将軍より麿の一字をもらった私は、一二〇〇年前を探しに東北へ向かいました。東日本大震災の後だったかもしれません。津波に遭った仙台平野をタクシーで、東北への最後の砦・多賀城へ向かいました。小高い丘があり、近くの博物館はその日休館でした。胆沢城にも行きました。平野の森の中で一〇〇メートル平方くらいの広さの城跡、畑がありました。近くに八幡神宮があって、その宮司さんに挨拶して帰りました。

東北の春は、落葉樹の木の肌が白く見える中に新芽を吹く緑のコントラストが美しく、山口県の常葉樹の春とは違いました。山奥にある金ヶ崎温泉に泊まり、東北の春を楽しみました。昔、金の産出に関わった人たちの湯治の場でしょうか。ひなびた田舎に一軒、ぽつんと建っていました。

# あとがき

今までに二冊の本を発行した。

一冊目は『平成の歓喜奇兵隊』。主として障害者（正育者）の雇用について書いた。卒業後の仕事と、その中で棚橋先生に教えを受けた大衆資本主義の勉強で学んだことを書いた。

二冊目は『東京水産大学　消えた水産経営コース――棚橋先生の功績を讃える』。

二冊目では同窓会を主として、仲間の卒業後の経歴を書いてもらった。

三〇人の人たちがそれぞれ、卒業後棚橋先生の教えをどう活用したか、これからの私の仕事にとって非常に役に立つものだった。

私は先生より学んだ資本主義と経営者革命について書きました。

三冊目は正育者の雇用を推し進め、福祉の政策を取り込み、落ち込む地域社会の振興を図ることを書いてみたい。その根底には仏教がある。

これからの社会、資本主義はどう変わっていくのか。中国、西安を旅して共産主義的社会主義がどう変わってきたか､その一端をのぞいてきた。表面は資本主義そのものだった。福祉と正育者の教育を発展させ、その中に資本主義がどう変わっていくのか、経営者革命を更に発展させていく。たとえ一つ二つの欠点があっても、教育によってどの人達も経営者に変わっていく。二冊の本を一冊にまとめて書いてみたいと思い立った。

仏教に魅せられて、釈尊の教えが、一二〇〇年前長安に来ていた。日本の先人、空海、最澄が中国に教えを取りに行った。それを西安に探しに行った。

今、アメリカ人のケント・ギルバート氏が、中国、韓国人と日本人とは違うと言っている。それは儒教（孔子）と仏教の違いだと思う。立身出世を図るため他人を排していく思想と、他人を助けて自分も助けてもらう思想、この差だと思う。

これからも正育者を教育して、その力で地域社会の繁栄を図りたいと思う。

平成二九年　一二月三一日

上坂道麿

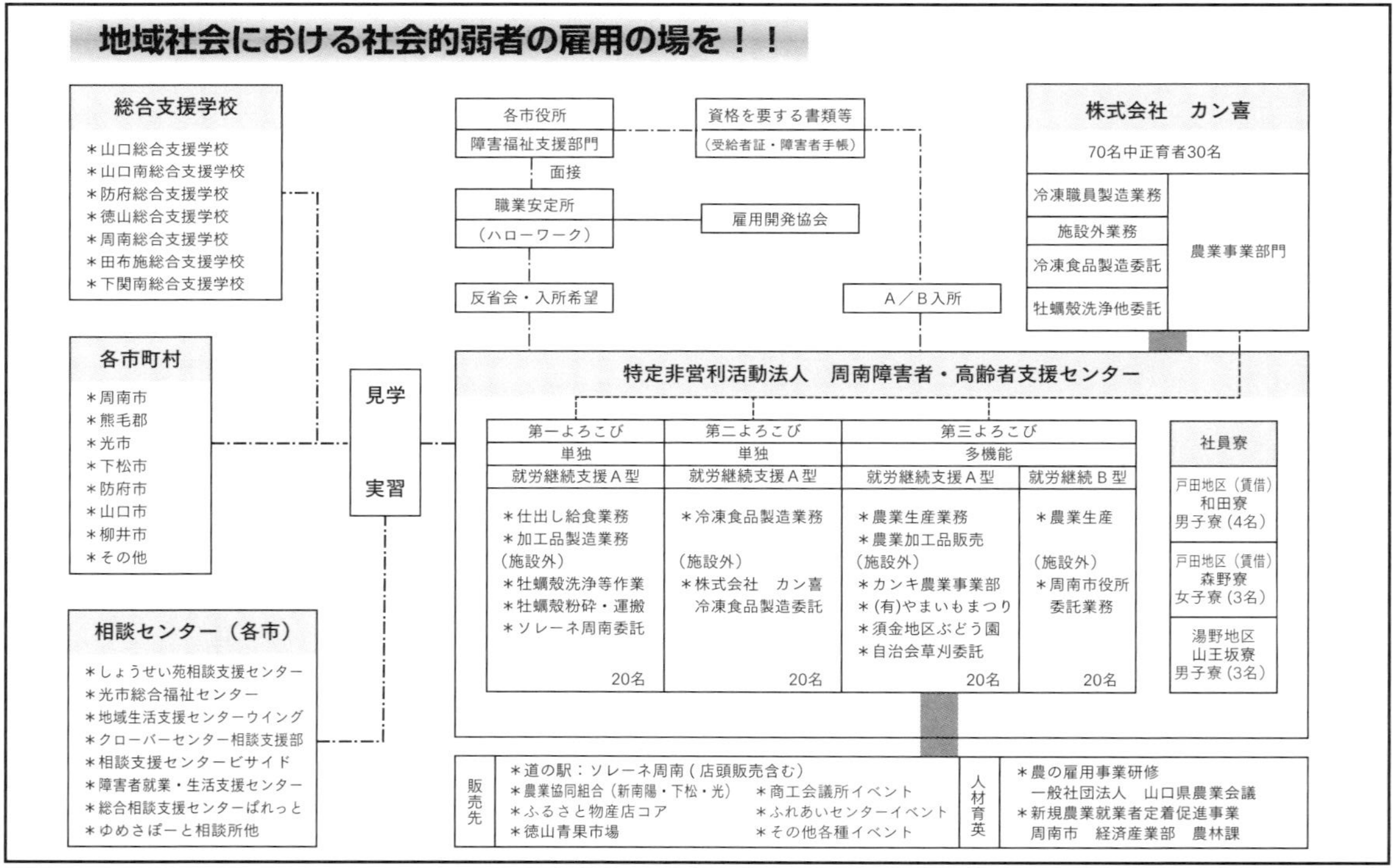


図　カン喜グループの現在

平成29年4月1日改訂

## ●上坂道麿氏の年表

| 年号 | 年齢 | カン喜の歩み | 社会動向 |
| --- | --- | --- | --- |
| 1934（昭和9） | | 父信二と母・聰子が無料の私立農繁期託児所「歓喜園」を創設。 | |
| 1935（昭和10） | 0 | 5月6日、福井県のあわら市細呂木にて著者生まれる。 | |
| 1936（昭和11） | 1 | 朝日新聞社会事業団から「歓喜園」表彰を受け、真紅の慈愛旗と助成金が贈呈される。 | 2・26事件 |
| 1937（昭和12） | 2 | | 日中戦争始まる |
| 1944（昭和19） | 9 | 細呂木村立婦人会戦時保育所開設により「歓喜園」閉園。父、神主の試験を受けて神官になる。 | |
| 1945（昭和20） | 10 | 母が社会事業の功績者として知事から表彰を受ける。 | 日本敗戦 |
| 1948（昭和23） | 13 | 中学一年生となり、ボーイスカウトに入る。6月28日、福井大震災で上坂氏の実家が倒壊。 | 細呂木新制中学新設<br>福井大震災 |
| 1954（昭和29） | 19 | 国立東京水産大学に入学。棚橋鐘一郎先生に師事し、経営について学ぶ。 | ビキニ環礁で水爆実験。（第5福竜丸被ばく） |
| 1955（昭和30） | 20 | 八木邦彦氏が大阪の太洋農水産株式会社と取引きを始める。 | |

| | | | |
|---|---|---|---|
| １９５６（昭和31） | 21 | 第５福竜丸は名前を変えてはやぶさ丸となって実習船となり、大島周辺の漁業実習に参加。 | |
| １９５８（昭和33） | 23 | 大阪の太洋農水産株式会社に入社。 | 〜１９７３（昭和48）年<br>１＄＝３６０円の時代 |
| １９７３（昭和48） | 38 | 八木氏は、徳山戸田に八木水産冷凍食品工場を設立。太洋農水産株式会社の下請冷凍を主な事業内容として八木水産を創業。 | |
| １９７８（昭和53） | 43 | 長男をカブスカウトに入れる。<br>八木氏、八木水産冷凍食品工場の運営を太洋農水産株式会社に移管。 | 〜１９８７（昭和62）年<br>１＄＝１８０円の時代 |
| １９８１（昭和56） | 46 | 京都、大阪から山口県徳山に出向のため一家５人で転勤。上坂氏、八木水産冷凍食品工場の工場長を務める。 | |
| １９８２（昭和57） | 47 | 八木ノースイ設立。会長八木邦彦、社長上坂道麿、資本金１０００万円。広島産のかきフライに挑戦。立替えび・えびフライの製造では収支がとれず、８０００万円の赤字をつくった。 | |
| １９８３（昭和58） | 48 | 立正佼成会とのつながり（上坂氏入会）。 | |
| １９８４（昭和59） | 49 | ノースイ退職。 | |

| | | | |
|---|---|---|---|
| １９８７（昭和62） | 52 | 知的障害者の雇用にふみ切る。旧工場にトンネルフリーザーが入り、カキフライの製造を流れ作業化する。バブルの波にのって１５０００万円の収益をあげ赤字を解消した。第一勧銀の支援を受け新工場を建設。新工場の増築に当たって長兄・岑夫が神主として地鎮祭を行う。 | |
| １９８９（平成元） | 54 | カン喜、労働大臣表彰受賞。 | 〜２００３（平成15）年<br>1$＝90円の時代 |
| １９９１（平成３） | 56 | 嶽山に登山を始める。 | |
| １９９２（平成４） | 57 | ＮＨＫの教育番組で会社の進級制度が放映紹介される。八木ノースイ名義で買った３０００万円の土地をノースイが７０００万円で買いあげ、さらに４０００万円の貸付金もいただく。 | |
| １９９５（平成７） | 60 | 佼成新聞にて「一生涯一報恩——この道まっすぐ」のタイトルで障害者雇用のことをとりあげてもらう。 | |
| １９９６（平成８） | 61 | 黒字転換する。 | |
| １９９７（平成９） | 62 | 殻付かきグラタンを製造開始。須々万中学立志式にて講演を行う。立正佼成会にて説法する。 | |
| １９９９（平成11） | 64 | 進級と班制制度をつくる。 | |

| | | | |
|---|---|---|---|
| 2003（平成15） | 68 | 八木ノースイとの合弁会社を解散して、株式会社カン喜設立。 | |
| 2006（平成18） | 71 | 特定非営利活動法人「周南障害者・高齢者支援センター」を設立。 | |
| 2008（平成20） | 73 | 就労継続支援A型事業所「よろこびの里」（現「よろこび」）をNPO法人内に設立。 | |
| 2010（平成22） | 75 | 厚生労働省から障害者雇用優良企業の認証を受ける。一二月二二日、長兄・岑夫が他界する（享年86歳）。 | |
| 2011（平成23） | 76 | 立正佼成会発行の「佼成」誌で細呂木での両親のことを書いてもらう。「と金教育」始める。両親の三三回忌と長兄の一周忌の法事に献彰碑を建てる。 | 〜2012（平成24）年 1$＝75円の時代 |
| 2013（平成25） | 78 | 日本科学技術連盟よりISO22000の証認を受ける。歓喜グループで創業四〇周年の年、創業者八木邦彦氏が他界。 | 〜2014（平成26）年 1$＝110円の時代 |

■著者プロフィール

## 上坂道麿（うえさか　みちまろ）

1935（昭和10）年福井県細呂木村生まれ。国立東京水産大学で経営学を学ぶ。卒業後、太洋農水産株式会社に入社。1982（昭和57）年八木邦彦氏とともに八木ノースイを設立。1987（昭和62）年障害者雇用を始める。
2003（平成15）年、合弁会社を解散して株式会社カン喜を設立。2010（平成22）年厚生労働省から障害者雇用優良企業の認証を受ける。2013（平成25）年ISO22000認証を受ける。現在、特定非営利活動法人周南障害者・高齢者支援センター就労継続支援施設よろこび理事長、株式会社カン喜顧問。


**新版　平成の歓喜奇兵隊**
**―正育者は国の宝―**

二〇一八年四月八日　第一刷発行

著　者　上坂道麿
発行者　川畑善博
発行所　株式会社 ラグーナ出版
〒八九二―〇八四七
鹿児島市西千石町三番二六
電話 〇九九―二一九―九七五〇
URL http://www.lagunapublishing.co.jp/
e-mail info@lagunapublishing.co.jp

印刷・製本　有限会社創文社印刷
定価はカバーに表示しています
乱丁・落丁はお取り替えします
ISBN 978-4-904380-73-4 C0036